86

REIHE AUTOMATISIERUNGSTECHNIK

Herausgegeben von B. Wagner und G. Schwarze

Lochbandtechnik
Mittel zur Datenerfassung und -verarbeitung

Erich Bürger

Wolfgang Leonhardt

VEB VERLAG TECHNIK BERLIN

ISBN 978-3-663-00762-3 ISBN 978-3-663-02675-4 (eBook)
DOI 10.1007/978-3-663-02675-4

Lektor: *Jürgen Reichenbach*
Bestellnummer: 9/3/4222 ES 20 K 2 DK 658.5:681.1

VLN 210. Dg. Nr. 370/77/69 Deutsche Demokratische Republik
Satz und Druck: Engelhard-Reyher-Stollbergsche Buchdruckerei KG, Gotha
Einbandgestaltung: *Kurt Beckert*
Eingetragene Schutzmarke des Warenzeichenverbandes
Regelungstechnik e. V., Berlin

Vorwort

Mit der weiteren Entwicklung der elektronischen Datenverarbeitung gewinnt die Datenerfassung immer mehr an Bedeutung, da die Datenverarbeitung nur wirtschaftlich durchführbar ist, wenn ihr eine ökonomische Datenerfassung vorausgeht.

Die Lochbandtechnik stellt auf vielen Gebieten ein wichtiges Mittel zur Datenerfassung dar, so daß sie nicht zu unrecht als „Schlüssel zur Datenverarbeitung" bezeichnet wird. So ermöglichen beispielsweise elektrische Schreibmaschinen mit angeschlossenen Lochbandlochern die Datenerfassung zum Zwecke der wirtschaftlichen Datenübertragung über die Telexleitungen und zur Herstellung von Datenträgern für die Eingabe von Programmen und Daten in Computer. Schreibmaschinen mit Lochbandlesern und -lochern lösen als Organisations- und Schreibautomaten die vielseitigsten Organisationsprobleme mit hoher Effektivität. Lochbandleser gewährleisten die schnelle Eingabe von Daten in Fakturier-, Buchungs- und elektronische Rechenmaschinen. Lochbandleser in Verbindung mit Büromaschinen schaffen die Verbindung zu den Datenverarbeitungsanlagen und Rechenzentren. Die Lochbandgeräte sind somit wichtige Einrichtungen zum Herstellen der Verbindung zu diesen bedeutenden Rationalisierungsmitteln.

In dem vorliegenden Band werden die Grundlagen der Lochbandtechnik dargestellt. Die wichtigsten Geräte und Maschinen der Lochbandtechnik werden in ihrem grundsätzlichen Aufbau behandelt. Im letzten Teil werden Anwendungsbeispiele zur Datenerfassung und Datenverarbeitung dargelegt.

Karl-Marx-Stadt *Erich Bürger* *Wolfgang Leonhardt*

Inhaltsverzeichnis

1. Grundlagen der Lochbandtechnik

Die Grundlage der Lochbandtechnik bilden das Lochband (auch Lochstreifen genannt) als maschinell lesbarer Informationsträger und die Verfahren zur Darstellung beliebiger Informationen auf diesem Informationsträger.

1.1. Lochband

In der Lochbandtechnik werden Zahlen- oder Textangaben sowie Befehle für die Auslösung von Steuerfunktionen an Maschinen in Form einer Lochschrift in Papierbänder eingestanzt. Die so gespeicherten Informationen können zu einem beliebigen späteren Zeitpunkt wieder automatisch abgelesen und weiterverarbeitet werden.

Das Lochband dient also sowohl als Speicherelement zur dauerhaften Aufbewahrung maschinell lesbarer Informationen als auch als Steuerelement für eine programmierbare Ansteuerung von Maschinen. Es werden somit zwei Hauptforderungen an die mit Lochband arbeitenden Maschinen gestellt: Sie müssen die Lochschrift „schreiben" und „lesen" können. Die zwei Grundgeräte der Lochbandtechnik sind demnach das Lochbandstanzgerät, das die Informationen in das Lochband einspeichert, und das Lochbandlesegerät, daß die Informationen aus dem gelochten Band entnimmt und zur Verarbeitung weiterleitet.

1.1.1. Aufbau und Eigenschaften

Das Lochband besteht aus einem 0,085 bis 0,1 mm dicken pergamentartigen Papier. Die Breite des Bandes ist von dem verwendeten Kode abhängig und beträgt 17,5 mm (5er-Kode) bis 25,4 mm (8er-Kode) bei einer Länge von etwa 300 m. Das Band ist zu einer Rolle von 180 bis 200 mm Durchmesser aufgespult. Auf einer solchen Spule können 100 000 bis 120 000 Lochkombinationen untergebracht werden. Auf ein Zoll Bandlänge kommen 10 Lochkombinationen. Das Band muß reißfest, knitterfest, flexibel und strapazierfähig, außerdem elektrisch isolierend und unempfindlich gegen Witterungseinflüsse sein.

Die Informationen werden im Lochband in Form von Lochkombinationen gespeichert. Eine Lochkombination verkörpert ein Zeichen, das entweder eine Ziffer, einen Buchstaben, ein Satzzeichen oder eine Maschinenfunktion darstellen kann. Die Lochkombinationen sind quer zur Bandlaufrichtung angeordnet. Die Löcher einer Kombination sind je nach dem verwendeten Schlüssel in z. B. 5 bis 8 (5, 6, 7, 8) in Bandlaufrichtung verlaufenden Spuren untergebracht. Ein Loch in einer Spur kommt dabei dem dualen Zustand JA (L), Strom oder dgl., gleich, während kein Loch in einer

Spur dem dualen Zustand NEIN (O), kein Strom usw., entspricht oder umgekehrt.
In der Lochbandtechnik gelangen im Gegensatz zur Lochkartentechnik nur runde Löcher zur Anwendung. Neben den eigentlichen Informationslochungen befindet sich auf dem gelochten Band noch eine gleichmäßige Reihe etwas kleinerer Löcher (Transportlöcher), die bei jedem Schritt des Bandes durch die Lochstation des Bandlochers mitgelocht werden und dem Transport des Bandes durch die Maschine mittels eines Stiftrades oder der Taktgebung bei Verwendung anderer Transportmechanismen dienen (Bild 1). Eine Ausnahme hierin macht lediglich die italienische Firma C. Olivetti. Sie verwendet in ihrer Lochbandtechnik in einem sechsspurigen Schlüssel rechteckige Löcher und verzichtet auf die Transportlochungen.

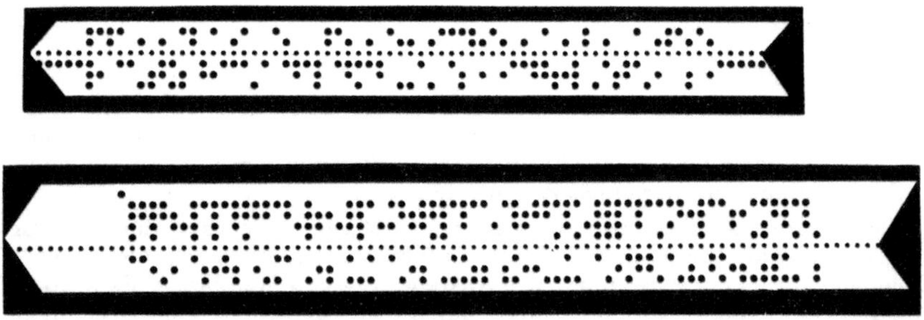

Bild 1. Fünf- und achtspuriges Lochband

Neben dem eben beschriebenen Papierband werden in der Lochbandtechnik auch Karten als Informationsträger verwendet (Lochbandkarten). Diese Karten können auf dem unteren Rand, der eine vorgelochte Transportlochspur enthält, in einem beliebigen Lochbandschlüssel gelocht werden (Bild 2). Das übrige Feld der Karte kann entweder völlig frei sein oder auch einen formularmäßigen Aufdruck enthalten. Auf ihm werden die gelochten Angaben in Klarschrift geschrieben und evtl. weitere Eintragungen vorgenommen. Die Lochbandkarten sind somit einerseits maschinell lesbare Informationsträger, die sich andererseits auch manuell

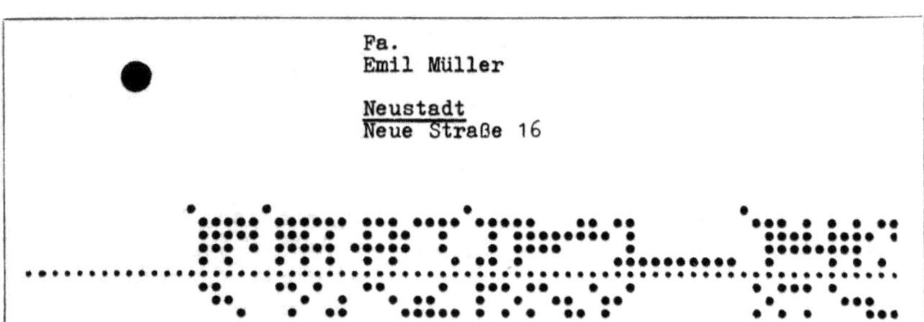

Bild 2. Lochbandkarte

wie übliche Handkarteien (Adreßkarteien, Artikelkarteien) aufbewahren, sortieren und bearbeiten lassen. Die meisten Lochbandgeräte sind so eingerichtet, daß sie sowohl Lochbänder als auch Lochbandkarten verarbeiten können.
Nähere Angaben über Eigenschaften, Abmessungen und Begriffe des Lochbandes sind aus den staatlichen Standards zu ersehen:

DDR:	TGL 21 584	„Lochbänder fünf- und achtspurig"
	TGL 2848	„Fernschreiberpapiere"
Bundesrepublik:	DIN 66 016	Blatt 1 „Lochstreifen 17,4 mm breit"
		Blatt 2 „Lochstreifen 25,4 mm breit"
	DIN 6720	Blatt 2 „Papiere für Fernschreibgeräte, Lochstreifenpapiere"
UdSSR:	GOST 10 860-64	„Lochbänder"
	GOST 10 859-64	„Lochbandkodierung"
	GOST 1391-51	„Lochbandpapier"

1.1.2. Lochbandschlüssel

Zur Speicherung der Informationen (Buchstaben, Ziffern und Zeichen) im Lochband und der zur Steuerung der Maschine notwendigen Funktionsbegriffe gibt es eine Reihe von Lochschlüsseln, die von der Zahl der zur Verfügung stehenden Spuren abhängen.
In der Lochbandtechnik werden fünf-, sechs-, sieben- und achtspurige Bänder verwendet. Die Wahl des zu verwendenden Lochschlüssels hängt u. a. von den Gesichtspunkten des Anwendungsgebietes, der Wirtschaftlichkeit, der Erkennbarkeit von Fehlern und der Fernübertragung der Daten ab. International dominieren die fünf- und achtspurigen Lochbänder, während sechs- und siebenspurige Bänder nur noch vereinzelt anzutreffen sind. Eine einheitliche Verschlüsselung hat sich noch nicht durchgesetzt, jedoch sind derartige Bestrebungen im Gange. Es existiert noch immer eine Anzahl verschiedener Lochschlüssel nebeneinander. Im folgenden sollen die Grundlagen der Verschlüsselung kurz dargestellt und zum besseren Verständnis anhand einiger weniger Lochschlüssel erläutert werden.

Fünfspuriges Lochband: Der bekannteste Lochschlüssel für fünfspuriges Lochband (5er-Kode) ist das internationale Telegrafenalphabet Nr. 2 (Bild 3), das im Jahre 1932 von dem CCIT (Comité Consultatif International Telegraphique) zwischenstaatlich festgelegt wurde. Dieser Kode verwendet 31 Zeichen, von denen 26 die Buchstaben des Alphabets und nach Umschalten zugleich die Ziffern 0 bis 9 sowie einige Satz- und Sonderzeichen darstellen, während drei dem Auslösen bestimmter Maschinenfunktionen und zwei dem Umschalten von Buchstaben- auf Ziffern- und Zeichenschreibung und umgekehrt dienen. Es werden nur große Buchstaben verwendet. Jedes Zeichen setzt sich aus fünf Schritten (Impulsen) zusammen.
Bei dem 5er-Kode ergeben sich im Grunde nur

$$2^5 = 32 \text{ Kombinationsmöglichkeiten.}$$

Durch die Verwendung der Buchstaben- auf Ziffern/Zeichen-Umschaltung erhöht sich die Kombinationsmöglichkeit auf 64 — 2 Zeichen (die Buchstaben- und die Ziffern/Zeichen-Umschaltung können nicht für eine Doppelbedeutung ausgenutzt werden). Da die Kombination „kein Loch in allen fünf Spuren“ (00 000) wegen ihrer Mehrdeutigkeit nicht verwendet wird und die drei Maschinenfunktionen WR, ZL und Zwr in beiden Umschaltstellungen wirksam sein müssen, stehen letzten Endes noch 57 verschiedene Darstellungsmöglichkeiten zur Verfügung. Auch diese 57 Möglichkeiten werden in der Fernschreibtechnik normalerweise nicht voll benötigt, so daß die drei Kombinationen Nr. 6, Nr. 7 und Nr. 8 (Bild 3) ziffernseitig nicht belegt sind.

Nr.	Kode 1	2	T	3	4	5	Buchstaben	Ziffern u. Zeichen
1	●	●	·				A	–
2	●		·		●	●	B	?
3		●	·	●	●		C	:
4	●		·		●		D	Wer da?
5	●		·				E	3
6	●		·	●	●		F	Frei
7		●	·		●	●	G	Frei
8			·	●		●	H	Frei
9		●	·	●			I	8
10	●	●	·		●		J	Kl (Klingel)
11	●	●	·	●	●		K	(
12		●	·			●	L	)
13			·	●	●	●	M	.
14			·	●	●		N	,
15			·		●	●	O	9
16		●	·	●		●	P	0
17	●	●	·	●		●	Q	1
18		●	·		●		R	4
19	●		·	●			S	'
20			·			●	T	5
21	●	●	·	●			U	7
22		●	·	●	●	●	V	–
23	●	●	·			●	W	2
24	●		·	●	●	●	X	/
25	●		·	●		●	Y	6
26	●		·			●	Z	+
27			·		●		WR (Wagenrückzug)	
28		●	·				ZL (Zeilenschaltung)	
29	●	●	·	●	●	●	Bu (Buchstaben)	
30	●	●	·		●	●	Zi (Ziffern)	
31			·	●			Zwr (Zwischenraum)	

Bild 3. Internationales Telegrafenalphabet Nr. 2 (CCIT)

Die Umschaltzeichen wirken so, daß alle auf das Bu-Zeichen folgenden Kombinationen als Buchstaben ausgewertet werden, während die gleichen Kombinationen nach einem Zi-Zeichen Ziffern bzw. Satzzeichen darstellen, jeweils so lange, bis wieder ein entgegengesetztes Umschaltzeichen auftritt. Um Fehler bei dem Herstellen des Bandes mit dem Handlocher oder der Schreibmaschine mit Lochbandlocher, die durch die Doppelbedeutung der Zeichen auftreten können, weitgehend auszuschalten, sind

normalerweise die Buchstaben- und Zifferntasten gegenseitig verriegelt, so daß nach Drücken der Taste Buchstabenumschaltung keine Ziffern oder Satzzeichen und nach Drücken der Taste Ziffernumschaltung keine Buchstaben eingetastet werden können.
Dieser Kode hat den Vorteil, daß die in ihm dargestellten Informationen ohne zusätzliche Vorkehrungen über das allgemeine Fernschreibnetz an entfernt gelegene Orte übertragen und dort weiterverarbeitet werden können. Allerdings läßt die volle Ausnutzung der möglichen Lochkombinationen zur Informationsdarstellung keine Möglichkeit der Fehlersicherung durch den Kode selbst zu. Bei der in der Fernschreibtechnik vorwiegenden Übertragung textlicher Nachrichten ist dies ohne größere Bedeutung, da fehlerhaft übertragene Zeichen aus dem Sinn des Textes beim Lesen im allgemeinen erkannt werden. In der Rechentechnik und Datenverarbeitung dagegen, wo die Übertragung von Zahlenkolonnen und verschlüsselten Befehlen im Vordergrund steht, ist eine solche visuelle Kontrolle nicht mehr möglich. Durch automatische Prüfeinrichtungen muß gewährleistet werden, daß beginnend bei der Herstellung des Lochbandes bis zur Verarbeitung der aus dem gelochten Band in die Rechenanlage eingegebenen Informationen weitestgehend Fehlerfreiheit herrscht.

Ein Beispiel für einen fünfspurigen Lochschlüssel mit Fehlerprüfung zeigt das Bild 4. Im Grunde genommen sind alle Informationen (benötigt werden nur die Ziffern 0 bis 9 und einige Befehle) in einem vierspurigen Schlüssel untergebracht, während die fünfte Spur lediglich als Prüfspur dient.

Nr.	Kode (P84 21)						Ziffern und Zeichen
	P 5	8 4	4 3	T	2 2	1 1	
1	●			·			0
2				·		●	1
3				·	●		2
4	●			·	●	●	3
5			●	·			4
6	●		●	·		●	5
7	●		●	·	●		6
8			●	·	●	●	7
9		●		·			8
10	●	●		·		●	9
11	●	●		·	●		P2, +, Tabulator, Wortende
12		●		·	●	●	P3, Komma
13	●	●	●	·			P4, Minus
14		●	●	·		●	P5
15		●	●	·	●		P6
16	●	●	●	·	●	●	P7, C
17			●	·		●	Fehllochung (S)
18				·	●	●	Fehllochung (F)

Bild 4. Fünfspuriger Lochschlüssel des programmgesteuerten elektronischen Kleinrechners SER II

Bei einem vierspurigen Schlüssel ergeben sich

$2^4 = 16$ Kombinationsmöglichkeiten.

Die Verschlüsselung erfolgt rein dual in Tetraden (Vierergruppen).
In dem Dualzahlensystem kommt der

Spur 1 die Wertigkeit $2^0 = 1$
Spur 2 die Wertigkeit $2^1 = 2$
Spur 3 die Wertigkeit $2^2 = 4$
Spur 4 die Wertigkeit $2^3 = 8$

zu (Bild 4).

In den ersten 10 Tetraden werden die Dezimalziffern 0 bis 9 durch die entsprechenden dualen Lochkombinationen dargestellt. Die restlichen sechs Tetraden, die sogenannten Pseudotetraden, werden für die Verschlüsselung von Befehlen und Adressen verwendet.
In der fünften Spur, der Prüfspur, sind alle geradzahligen Lochkombinationen durch ein weiteres Loch zu ungeradzahligen Kombinationen ergänzt. Bei der Eingabe in die Rechenanlage wird zunächst jede Loch- bzw. Impulskombination auf diese Bedingung der Ungeradzahligkeit hin überprüft und dann erst die enthaltene Information übernommen. Gelangt durch einen Fehler beim Lochen, beim Lesen oder bei der Übertragung eine geradzahlige Impulskombination (ein Impuls zuviel oder ein Impuls zu wenig) in die Rechenanlage, so wird diese von der Maschine als Fehler erkannt, und der Arbeitsgang wird automatisch unterbrochen. Diese Art der Fehlerprüfung wird „Paarigkeitskontrolle“ (parity check) genannt.

Sechsspuriges Lochband: Bei der Verwendung von sechsspurigen Lochbändern ergibt sich eine Vergrößerung der Bandbreite. Dabei wird allgemein für das sechs- und siebenspurige Band die gleiche Breite von $^7/_8$ Zoll

Nr.	Kode	Buchstaben, Ziffern und Zeichen
1	··●··●	1
2	··●···	2
3	···●··	3
4	··●●··	4
5	··●·●·	5
6	···●●·	6
7	···●·●	7
8	····●●	8
9	····●·	9
10	·····●	0
11	·●●●·●	A
12	·●···●	B
13	·●●··●	C
14	·●●···	D
15	·●·●··	E
16	·●●●··	F
17	·●●·●·	G
18	·●·●●·	H
19	··●··●	I
20	●·●●·●	J
21	●····●	K
22	●·●··●	L
23	●·●···	M
24	●··●··	N
25	·····●	O
26	●·●●··	P
27	●·●·●·	Q
28	●··●●·	R
29	●●●●·●	S
30	●●···●	T
31	●●●··●	U
32	●●●···	V
33	●●·●··	W
34	●●●●··	X
35	●●●·●·	Y
36	●●·●●·	Z
37	··●●·●	
38	·●●·●●	Fehler Buchstaben
39	··●·●●	Fehler Ziffern
40	·●··●·	Zwischenraum
41	··●●●●	
42	·●●●●●	
43	···●●●	
44	·●·●●●	
45	●·●●●●	
46	●●●●●●	Steuerfunktionen (Nr. 41–52)
47	●··●●●	
48	●●·●●●	
49	··●●●·	
50	·●●●●·	
51	●·●●●·	
52	●●●●●·	

Bild 5. Lochschlüssel für sechsspuriges Lochband (Olivetti)

(22,2 mm) verwendet, um nicht vier verschiedene Bandbreiten zu erhalten. Die Zahl der möglichen Kombinationen steigt auf

$2^6 = 64$ Kombinationsmöglichkeiten.

Durch die Erweiterung der Zeichenzahl kann auf die Doppelbesetzung der Lochkombinationen, wie sie beim fünfspurigen Lochband benutzt wird, verzichtet werden. Ein Beispiel hierfür ist der sechsspurige Lochbandschlüssel der italienischen Firma Olivetti (Bild 5). Von den 64 möglichen Lochkombinationen werden 52 verwendet: 10 für die Ziffern 0 bis 9, 26 für die Buchstaben A bis Z und 16 für verschiedene Maschinenfunktionen und Programmsteuerungen. Eine Besonderheit des Olivetti-Lochbandes ist die Verwendung rechteckiger Löcher und der Verzicht auf die Transportlöcher. Das Band wird in dem Olivetti-Lochbandlesegerät mittels Reibrollen durch die Maschine transportiert.

Siebenspuriges Lochband: In diesem Fall werden zur Speicherung der Informationen im Lochband sieben Spuren verwendet. Es ergeben sich

$2^7 = 128$ Kombinationsmöglichkeiten.

Die Breite des Bandes beträgt $^7/_8$ Zoll (22,2 mm).
Siebenspurige Lochbänder sind wenig verbreitet.

Achtspuriges Lochband: Die Verwendung von acht Spuren auf dem Lochband erweitert die Ausdrucksmöglichkeit auf

$2^8 = 256$ Kombinationsmöglichkeiten.

Das Band ist ein Zoll (25,4 mm) breit.

Bild 6 zeigt den achtspurigen Lochschlüssel (Kode BCD), wie er in dem Organisationsautomaten Optima 528 angewendet wird. Dieser Automat besteht aus einer elektrischen Schreibmaschine, die mit zwei Lochbandlese- und zwei Lochbandstanzgeräten gekoppelt ist und durch seine Programmierfähigkeit die Lösung vielfältiger Schreib- und Organisationsprobleme ermöglicht. Entsprechend der Anordnung der Schreibmaschinentastatur sind 46 Lochkombinationen für die Darstellung von Buchstaben, Ziffern und Zeichen vorgesehen. Diese Kombinationen haben wiederum eine Doppelbedeutung entsprechend der Umschaltfunktion der Schreibmaschine. Alle im Lochband auf die Lochkombination „Großbuchstaben" folgenden Kombinationen werden als Zeichen aus dieser Umschaltstellung interpretiert, solange bis eine Lochkombination „Kleinbuchstaben" erscheint und umgekehrt. Die Maschinenfunktionen der Schreibmaschine und die Befehle zur Steuerung der Lochbandgeräte sind in beiden Umschaltstellungen wirksam.
Die Ziffern 0 bis 9 werden in diesem Kode genau wie in dem fünfspurigen Schlüssel nach Bild 4 rein dual dargestellt, und ebenso wie in diesem Schlüssel werden auch hier alle Lochkombinationen in der fünften Spur auf Ungeradzahligkeit ergänzt.
Soll der Organisationsautomat als Datenaufbereitungsmaschine für die elektronische Datenverarbeitungsanlage Robotron 300 verwendet werden,

so wird er mit R 300-Kodierung geliefert. Die dabei auftretenden Abweichungen in der Verschlüsselung sind in der rechten Spalte des Bildes 6 dargestellt.

Nr.	Kode 1	2	3		4	5	6	7	8	BCD Grundstellung	BCD Umschaltstellung	Bedeutung	R300 Grundstellung	R300 Umschaltstellung
1	●			·						1	)		1	<
2		●		·						2	*		2	▽▽
3	●	●		·		●				3	=		3	≈
4			●	·						4	%		4	[
5	●		●	·		●				5	&		5	>
6		●	●	·		●				6	(		6	▽
7	●	●	●	·						7	)		7	≋
8					●					8	–	Unterstreichstrich	8	~
9	●			·	●	●				9	§		9	]
10				·			●			0	/		+	=
11	●			·			●	●		a	A		/	)
12		●		·			●	●		b	B		s	S
13	●	●		·		●	●	●		c	C		t	T
14			●	·			●	●		d	D		u	U
15	●		●	·		●	●	●		e	E		v	V
16		●	●	·		●	●	●		f	F		w	W
17	●	●	●	·			●	●		g	G		x	X
18				·	●		●	●		h	H		y	Y
19	●			·	●	●	●	●		i	I		z	Z
20	●			·		●		●		j	J		j	J
21		●		·		●		●		k	K		k	K
22	●	●		·				●		l	L		l	L
23			●	·		●		●		m	M		m	M
24	●		●	·				●		n	N		n	N
25		●	●	·				●		o	O		o	O
26	●	●	●	·		●		●		p	P		p	P
27				·	●	●		●		q	Q		q	Q
28	●			·	●			●		r	R		r	R
29		●		·		●	●			s	S		b	B
30	●	●		·			●			t	T		c	C
31			●	·		●	●			u	U		d	D
32	●		●	·			●			v	V		e	E
33		●	●	·			●			w	W		f	F
34	●	●	●	·		●	●			x	X		g	G
35				·	●	●	●			y	Y		h	H
36	●			·	●		●			z	Z		i	I
37	●	●		·	●		●	●		ö	Ö		,	?
38	●			·		●	●			ü	Ü		a	A
39		●		·	●	●				+	'		Zwischenraum	
40				·		●	●	●		.	!		(	!
41	●	●		·	●	●		●		ä	Ä		SP	SP
42	●		●	·	●	●		●		ß	:		LOA	LOA
43				·				●		–	'	Bindestrich	–	△
44		●		·	●		●			§	£			
45	●	●		·	●	●	●			/	?		.	!
46	●		●	·	●	●	●			/	(	Akzent/Tottaste	SPE	SPE
47	●	●		·	●					▽	▽	Leser/Stop	▽	▽
48			●	·	●	●				NS	NS	Nichtschreiben	NS	NS
49	●		●	·	●					SPE	SPE	Sprungende	:	(
50		●	●	·	●					LEU	LEU	Leser-Umschalt.	Irr.Satz	Irr.Satz
51	●	●	●	·	●	●				⇑	⇑	1.Programm	⇑	⇑
52				·		●						Zwischenraum	0	♦
53		●		·	●	●	●	●		KB	KB	Kleinbuchstaben	↕	↕
54			●	·	●	●	●	●		GB	GB	Großbuchstaben	%	*
55	●		●	·	●		●	●		SP	SP	Bandsprung	←---	←---
56		●	●	·	●		●	●		LO2	LO2	Locher 2 ein	LO2	LO2
57	●	●	●	·	●	●	●	●		C1/C2	C1/C2	Korrekturlochung		
58		●		·	●			●		→|	→|	Wagenrücklauf	→|	→|
59			●	·	●			●		LO1	LO1	Locher 1 ein	LO1	LO1
60		●	●	·	●	●		●		⇓	⇓	2.Programm	⇓	⇓
61	●	●	●	·	●			●		↕	↕	Zeilenschaltung	KB	KB
62			●	·	●		●			WS	WS	Wiederschreiben	WS	WS
63		●	●	·	●	●	●			←---	←---	Tabulator	LEU	LEU
64	●	●	●	·	●		●			LOA	LOA	Locher aus	GB	GB
65				·					●	↱	↱	Wag.Rückl.m.Zeile		
66				·						VL1/VL2	VL1/VL2	Vorlauf Locher 1/2	VL1/VL2	VL1/VL2
67		●		·	●	●	●		●				↱	↱
68	●	●	●	·	●	●	●	●	●				Irr.Zeichen	Irr.Zeichen

Bild 6
Achtspuriger Lochschlüssel des Organisationsautomaten Optima 528 (BCD-und R 300-Kode)

Im Bild 7 ist der achtspurige Lochschlüssel (Kode 8 C) dargestellt, der in TGL 28-210 für die Anwendung in numerisch gesteuerten Werkzeugmaschinen festgelegt wurde. Der Schlüssel setzt sich aus vier Informationsspuren und vier Prüfspuren zusammen. Zur Darstellung der Zeichen werden in den vier Informationsspuren zweimal die dualen Kombinationen 1 bis 15 und die Kombination 0 verwendet. Die ersten 16 Kombinationen werden in den Prüfspuren auf Geradzahligkeit (0, 4 und 8 Löcher je Kombination) und die letzten 15 Kombinationen auf Ungeradzahligkeit (3, 5 und 7 Löcher je Kombination) ergänzt.

Im Gegensatz zur bereits dargestellten Fehlererkennung durch einfache Paarigkeitskontrolle, handelt es sich bei diesem Schlüssel um einen selbstkorrigierenden Kode. Die interne Prüfeinrichtung der Werkzeugmaschine unterzieht jede eingegebene Impulskombination mehreren Kontrollen, deren Aussagen nicht nur ein Erkennen, sondern eine automatische Korrektur von Fehlern, die durch Zufügen oder Verlust eines Impulses entstehen, veranlassen.

Lfd. Nr.	Programmkode									Programm-symbole	Bedeutung
	Prüfspuren				Informationsspuren						
	ch	ch	ch	ch	2^3		2^2	2^1	2^0		
	Spur Nr. 8	7	6	5	4		3	2	1		
1	●	●	●			·			●	1	
2	●	●		●		·		●		2	
3			●	●		·		●	●	3	
4	●		●	●		·	●			4	
5		●		●		·	●		●	5	
6		●	●			·	●	●		6	
7	●					·	●	●	●	7	
8		●	●	●	●	·				8	
9	●			●	●	·			●	9	
10	●		●		●	·		●		0	
11	●	●			●	·	●			+	
12		●			●	·		●	●	−	
13			●		●	·	●		●	TAB	Tabulator
14				●	●	·	●	●		<≡	Wagenrücklauf
15	●	●	●	●	●	·	●	●	●	IRR	Irrung
16						·				ZWR	Zwischenraum
17	●	●	●	●		·			●	x	Koord.-Adr.
18		●	●	●		·	●	●		y	" "
19	●			●		·	●	●	●	z	" "
20		●		●	●	·		●	●	r	Reserve 1
21	●		●	●	●	·		●		k	"
22	●	●		●	●	·	●			o	"
23			●	●	●	·	●		●	s	"
24	●		●			·	●			v	Steuerbefehle
25	●	●				·		●		a	Spindeldrehzahl
26		●	●		●	·				h	Vorschub i. Richtung 1
27	●				●	·			●	l	Vorschub i. Richtung 2
28		●				·	●		●	n	Werkzeugrevolver
29					●	·	●	●		d	Hilfsfunktionen
30			●			·		●	●	i	Reserve 2
31	●	●	●		●	·	●	●	●	p	Satz-Adr.

Bild 7. Achtspuriger Lochschlüssel für Werkzeugmaschinensteuerung (8 C-Kode)

1.2. Arbeitsweise der Lochbandtechnik

In Anlehnung an die Lochkartentechnik kann man die Arbeitsweise der Lochbandtechnik in zwei Stufen aufgliedern:

1. das Aufbereiten der Lochbänder
2. das Auswerten der Lochbänder,

wobei in der ersten Arbeitsstufe die Informationen in Form von Lochschrift in das ungelochte Band eingespeichert werden und in der zweiten Stufe die gelochten Informationen aus dem Band abgelesen und einer weiteren Verarbeitung (Schreiben, Rechnen, Steuern usw.) zugeführt werden. Die in der Lochkartentechnik vorhandene Zwischenstufe des Ordnens der Informationsträger tritt in der Lochbandtechnik nicht auf, da das Lochband eine Vielzahl voneinander grundsätzlich verschiedener Informationsgruppen (z. B. Fernsprechgebühren, Kundenanschriften usw.) enthalten kann, während in der Lochkartentechnik z. B. für jede Kundenanschrift eine gesonderte Karte bearbeitet wird. Zwar können auch in der Lochbandtechnik aus einem Band bestimmte Informationsgruppen ausgewählt werden, während andere von der Leseeinrichtung übersprungen (Selektierlesen) oder die Informationen zweier Bänder gemischt und in gemischter Folge in ein drittes Band übertragen werden. Da diese Arbeitsweise jedoch nicht voll dem Ordnen der Informationen in der Lochkartentechnik entspricht, werden diese Verfahren in der Stufe 2 (Auswerten der Lochbänder) mit beschrieben.

1.2.1. Aufbereiten der Lochbänder

1.2.1.1. *Lochbandlochen*

Das Herstellen der Lochbänder kann entweder rein manuell oder auch automatisch erfolgen.
Bei dem manuellen Bandlochen werden die zu lochenden Informationen in die Tastatur einer dafür geeigneten Maschine eingetastet und in der angeschlossenen Lochereinheit gelocht.
Bei Vorhandensein einer Fernschreibanlage im Betrieb kann hierfür der sogenannte Handlocher verwendet werden, der im allgemeinen aus Elektromotor, Bandantrieb, Abwickelspule, Locheinheit und Tastenfeld aufgebaut ist. Die Werte werden über die übliche Fernschreibtastatur eingegeben und im internationalen 5er-Kode gelocht. Da die Informationen nicht gleichzeitig mit dem Lochen in Klarschrift geschrieben werden, fehlt jegliche Kontrolle der eingetasteten Werte. Das Verfahren ist deshalb ungeeignet für die Verarbeitung vorwiegend numerischer Angaben, mit denen später gerechnet oder gesteuert werden soll, wenn nicht das Band in einem zweiten Arbeitsgang nochmals manuell überprüft wird.
Günstiger liegen die Verhältnisse bei Verwendung eines Blattschreibers (elektrische Fernschreibmaschine) mit angebautem Empfangslocher. Hier werden die über die Tastatur eingegebenen Daten gleichzeitig mit dem Lochen auf ein Blatt in Klartext geschrieben. Unter der Annahme, daß infolge der unmittelbaren Kopplung von Schreib- und Lochvorgang die Lochungen mit den in Klartext geschriebenen Angaben übereinstimmen, genügt es in diesem Fall, nach Beendigung der Arbeit das geschriebene Blatt nochmals auf Tippfehler zu überprüfen. Man kann diese Arbeitsweise als „Schreiblochen" bezeichnen. Es darf jedoch nicht unerwähnt bleiben, daß der Blattschreiber mit angebautem Empfangslocher bei der Verwendung zum manuellen Bandlochen vom Fernschreibnetz abgeschaltet werden muß. Dies ist nur dann gestattet, wenn die Maschine ein Fernschaltgerät besitzt, das einen kommenden Fernschreibanruf signalisiert und den Blattschreiber nach drei Sekunden an das Netz zurückschaltet, oder wenn eine zweite, an das Netz angeschlossene Maschine im Betrieb vorhanden ist.
Da der Einsatz von Fernschreibmaschinen die Lochbandtechnik auf die Verwendung des fünfspurigen internationalen Telegrafen-Kodes beschränkt, wurden von der Büromaschinenindustrie spezielle Geräte für das Schreiblochen entwickelt, die den Anforderungen der Datenverarbeitung besser angepaßt sind, die fünf- bis achtspurige Bänder verarbeiten können und deren Kodierung teilweise variabel gestaltet werden kann.

Im allgemeinen handelt es sich dabei um elektrische Schreibmaschinen, an die ein Lochbandstanzaggregat mechanisch oder elektrisch angekoppelt ist.

Für die Herstellung der fünfspurigen Daten- und Befehlsbänder für den programmgesteuerten elektronischen Kleinrechner Cellatron SER IIb wird z. B. die elektrische Schreibmaschine Cellatron SE 5 L (mit angebauter, mechanisch gekoppelter Lochereinheit) verwendet. Da der Rechner nur die Ziffern 0 bis 9 und einige Befehlskodes verarbeitet (Bild 4), sind nur diese entsprechenden Tasten mit der Lochereinheit verbunden. Der Anschlag aller übrigen Tasten löst keine Lochung im Band aus, es können also mit dieser Maschine keine alphanumerischen Texte gelocht werden. Bei abgeschaltetem Locher können auf der SE 5 L beliebige Texte geschrieben werden.

Die SE 5 L wird auch in einer R 300-Ausführung geliefert, mit der das Schreiben und Lochen alphanumerischer Informationen und entsprechender Symbole in dem für die Verarbeitung in der elektronische Datenverarbeitungsanlage Robotron 300 vorgesehenen achtspurigen Lochschlüssel möglich ist.

Außer Schreibmaschinen können auch z. B. Saldiermaschinen mit angeschlossenem Lochbandlocher für die manuelle Herstellung von Lochbändern, die nur numerische Informationen enthalten sollen, verwendet werden.

Neben dem manuellen Lochen der Bänder können diese auch auf vielfältige Weise automatisch erstellt werden, wenn ein Lochbandstanzgerät als Ausgabeeinheit an eine entsprechende Grundmaschine angeschlossen wird.

Solche Kombinationen gibt es z. B. mit Buchungsmaschinen, Fakturiermaschinen und elektronischen Rechenmaschinen. Dabei ist im allgemeinen sowohl eine manuelle als auch eine automatische Übertragung von Informationen in das Lochband mit solchen Maschinenkombinationen möglich.

Bei einer Fakturiermaschine mit angeschlossenem Bandlocher werden die einzelnen Posten oder Faktoren manuell über die Tastatur des Schreibwerkes eingegeben und dabei gleichzeitig in Klartext geschrieben, in Lochschrift in das Band gestanzt und in das Rechenwerk übergeführt. Die Summe oder das Produkt wird im Rechenwerk errechnet und anschließend zurück an das Schreibwerk gegeben. Hier wird das Ergebnis in Klarschrift niedergeschrieben, und von hier aus erfolgt auch gleichzeitig wieder automatisch die Übergabe an das Lochbandgerät. In dem geschilderten Beispiel ist also die Schreibmaschine zugleich Ein- und Ausgabeeinheit für das Rechenwerk. Der Bandlocher ist als zusätzliche zweite Ausgabe an die Schreibmaschine angeschlossen, um aus den geschriebenen und errechneten Angaben ohne Mehrarbeit über das Lochband die Daten nach verschiedenen Gesichtspunkten automatisch weiter verarbeiten zu können.

Bei den Anlagen, die eine Schreibmaschine als Ausgabeeinheit haben, wie Fakturiermaschinen und elektronische Kleinrechner, werden die Werte in Serie ausgegeben, d. h., das Ergebnis wird Dezimalstelle für Dezimalstelle nacheinander abgegeben und kann somit synchron dazu unmittelbar in die Lochstation des Bandlochers überführt werden, der auch die Stellen einzeln nacheinander locht. Die Saldier- und Buchungsmaschinen dagegen geben das Ergebnis parallel aus, d. h., alle Dezimalstellen stehen gleichzeitig zur Verfügung. In diesem Fall muß zwischen die Abfühleinrichtung und das Lochgerät ein Zwischenspeicher eingeschaltet werden, der die Werte aus der Maschine gleichzeitig (parallel) übernimmt und dann nacheinander (in Serie) an die Lochereinheit weiterleitet.

Auch in Verbindung mit der Lochkartentechnik ist die automatische Gewinnung von Lochbändern möglich. Bei dieser Arbeit werden die in Lochkarten enthaltenen Angaben abgelesen und gleichzeitig automatisch in Lochband übertragen. Das hierfür verwendete Aggregat besteht im wesentlichen aus einer Lochkartenmaschine, die die Karten einzeln nacheinander abliest, einem Umsetzer, der die im dezimalen Lochkartenschlüssel aufgenommenen Werte in den verwendeten Lochbandschlüssel (z. B. 5er- oder 8er-Kode) umschlüsselt und einem Bandlocher, der die umgeschlüsselten Daten in das Lochband stanzt.

Diese Arbeit ist dann sinnvoll, wenn in einem Betrieb mit mehreren Zweigbetrieben die Buchung der Geschäftsvorfälle dezentral in den einzelnen Betrieben erfolgt, während die Verrechnung zentral in der Lochkartenabteilung des Hauptwerkes durchgeführt wird. Der Inhalt der bei der Verrechnung anfallenden Summen- oder Ergebniskarten wird im kartengesteuerten Bandlocher in ein Lochband übertragen. Bei Verwendung des internationalen Frenschreibkodes können so die Ergebnisse sofort anschließend wieder den Zweigbetrieben telegrafisch übermittelt werden.

Schließlich kann auch das Lochband selbst zur Steuerung eines Bandlochers verwendet werden. Diese Technik wird z. B. bei dem automatischen Fernschreiben angewendet. Auf der Senderseite werden im Lochbandsender die im Band enthaltenen Angaben abgelesen und in synchrone Stromimpulsgruppen umgewandelt, die auf der Telegrafenleitung übertragen werden. Auf der Empfängerseite verwandelt der Blattschreiber mit angebautem Empfangslocher die Impulsgruppen wieder zurück in Klartext und in Lochkombinationen. Auf diese Weise entsteht beim Empfänger ein Duplikat des gesendeten Bandes, das zu einem beliebigen Zeitpunkt an einen anderen Fernschreibteilnehmer weitergesendet oder zur Herstellung von Lochkarten verwendet werden kann.

Es ist auch möglich, bei entsprechender Maschinenkombination am gleichen Ort und ohne Einbeziehung der Fernschreibtechnik zu duplizierlochen. Dies kann erwünscht sein, wenn von einem Programmband ein Duplikat hergestellt werden soll oder wenn aus einem Lochband heraus ein zweites Band erstellt werden soll, das gegenüber dem ersten um manuelle Einfügungen erweitert werden oder aber bestimmte Auslassungen aufweisen soll.

Eine solche Maschinenkombination besteht dann aus Lochbandabtaster, elektrischer Schreibmaschine und Lochbandlocher.

Bei der Überwachung technischer Prozesse kann die Lochbandtechnik zur automatischen Meßwerterfassung eingesetzt werden, indem Lochbandstanzgeräte mit Meßwertgebern gekoppelt werden, die in bestimmten Zeitabschnitten die gemessenen Werte in das Lochbandstanzgerät übertragen. Die im Lochband enthaltenen Informationen können dann in elektronischen Rechenmaschinen weiter verarbeitet werden.

Werden die Meßgrößen durch analog wirkende Meßgeräte aufgenommen, dann muß zwischen das Meßgerät und das Lochbandstanzgerät ein Analog-Digital-Wandler geschaltet werden, der die analogen Meßgrößen in die ihnen zugeordneten diskreten numerischen Werte umwandelt.

1.2.1.2. *Lochbandprüfen*

Es wurde bereits erwähnt, daß bei dem manuellen Bandlochen ein anschließendes Prüfen des gelochten Bandes besonders bei numerischen Informationen notwendig ist, da sich leicht Tippfehler eingeschlichen haben können. Es wurden deshalb von verschiedenen Firmen Gerätekombinationen entwickelt, die ein Prüfen des gelochten Bandes bei gleichzeitigem Herstellen eines neuen, fehlerfreien Lochbandes gestatten.

Das kann auf zwei verschiedene Arten erfolgen.

Bei dem ersten Verfahren besteht das Aggregat aus einer Tastatur, einem Lochbandlesegerät, einer Vergleichereinheit und einem Lochbandstanzgerät. Das manuell gelochte Band wird in die Leseeinheit eingelegt. In die Tastatur werden, ausgehend vom Urbeleg, die gleichen Informationen nochmals manuell eingegeben, wobei bei jedem Tastendruck eine Kombination des Lochbandes in der Leseeinheit abgelesen wird. Stimmt das eingetastete Zeichen mit dem aus dem Band abgelesenen Zeichen überein, so wird dieses in dem Bandlocher in ein zweites Band gelocht, und das erste und das zweite Band werden um einen Schritt weitertransportiert. Stimmen der eingetastete und der abgelesene Wert nicht überein, so bleibt die gedrückte Taste verriegelt, der Wert wird nicht in das zweite Band gelocht, und beide Bandeinheiten bleiben stehen. Der Prüfer muß nun feststellen, ob die Unstimmigkeit durch einen Tippfehler seinerseits oder durch einen Fehler im zu prüfenden Band entstanden ist. Nach Drücken der entsprechenden Funktionstasten wird das richtige Zeichen in das zweite Band gelocht, die Tastatur wird entriegelt und der Prüfvorgang kann fortgesetzt werden.

Bei dem zweiten Verfahren werden nach dem gleichen Urbeleg von zwei Personen unabhängig voneinander zwei Lochbänder hergestellt. Diese beiden Bänder werden in je eine Leseeinheit der Prüfeinrichtung eingelegt und schrittweise automatisch miteinander verglichen, wobei gleichzeitig automatisch ein drittes Band gelocht wird. Stimmen zwei gleichzeitig abgelesene Zeichen nicht überein, so wird der Prüfvorgang unterbrochen, und es erfolgt keine Lochung in dem dritten Band. Der Prüfer stellt fest, welches der beiden Bänder die richtige Kombination enthält und veranlaßt die Maschine, das richtige Zeichen in das dritte Band zu übertragen und das automatische Prüfen fortzusetzen. Enthält weder das eine noch das andere Band das richtige Zeichen, so wird dieses in die Tastatur eingegeben und von da aus in das dritte Band übertragen.

Das erste Verfahren ist gebräuchlicher. Auf ihm sind z. B. der Lochbandprüfplatz der Standard Electric Lorenz AG und der Eichner-Verifier aufgebaut.

Bei dem manuellen Bandlochen mit Saldier- oder Buchungsmaschinen ist auch das Einfügen von Kontrollsummen möglich, die später bei der Auswertung des Lochbandes in der elektronischen Datenverarbeitungsanlage überprüft werden.

1.2.1.3. *Lochbandbeschriften*

Ähnlich wie in der Lochkartentechnik ist es prinzipiell auch in der Lochbandtechnik möglich, mit Hilfe eines druckenden Bandlochers die Informationen eines Lochbandes gleichzeitig mit dem Lochen in Klarschrift auf das Band zu drucken.
Wenn auch diese Technik relativ selten angewendet wird, soll sie doch kurz erwähnt werden. Das beschriftete Band läßt sich natürlich leichter durch den Menschen auswerten. Zum anderen aber bietet es auch einen gewissen Schutz gegen ein Verfälschen des Bandinhalts durch nachträgliches Zufügen von Löchern an ungelochten Positionen, da in diesem Fall die gelochte Information nicht mehr mit der gedruckten übereinstimmt.

Da das voll ausgelochte Band keinen Raum für das Aufbringen der Buchstaben bietet, muß man entweder für das fünfspurige Lochen von Informationen ein achtspuriges Lochband benutzen, wobei der frei bleibende Rand für das Bedrucken benutzt wird oder man wendet dieses Verfahren bei Lochbandkarten an, wobei die gelochten Informationen auf dem oberen Rand der Karte gedruckt werden.
Ein Ausführungsbeispiel für das Klartextbeschriften von Randlochkarten ist die Gerätekombination Locher KAL 20 mit dem Drucker ADW 25 der Standard Electric Lorenz AG.

1.2.2. **Auswerten der Lochbänder**

1.2.2.1. *Lochbandlesen*

Das Lesen erfolgt mittels Bandleser (Lochbandabtaster), die im wesentlichen aus folgenden Baugruppen aufgebaut sind: Motor, Lochbandaufwickeleinrichtung und -abwickeleinrichtung, Bandtransporteinrichtung und Abtastkopf.
Die im Lochband enthaltenen Informationen können entweder vorwärts, d. h. in der gleichen Richtung wie das Band gelocht wurde, oder rückwärts, d. h. in umgekehrter Laufrichtung, gelesen werden. Welches der beiden Verfahren angewandt wird, richtet sich nach der Arbeit, die mit dem gelochten Band durchgeführt werden soll.
Das *Vorwärtslesen* wird beim automatischen Fernschreiben und bei allen Arbeiten angewandt, bei denen die im Band enthaltenen Angaben auf einer elektrischen Schreibmaschine klargeschrieben werden. Für Buchungs- oder Fakturierarbeiten, bei denen Zahlen in Vordruckspalten stellenrichtig untereinander zu schreiben sind, ist es beim Vorwärtslesen erforderlich, daß die Leerstellen links von einer Zahl beim Lochen des Bandes manuell oder durch die Maschine gesteuert durch eine entsprechende Anzahl Zwischenraumschritte oder einen entsprechenden Tabulationsschlüssel im Band gekennzeichnet werden.
Beim Schreiblochen auftretende Fehler werden für dieses Verfahren im allgemeinen durch Rückschalten des Schreibmaschinenwagens und des Lochbandes um die betreffenden Stellen, Überlochen der fehlerhaften Kombinationen mit der Irrungskombination (Loch in allen Spuren) und anschließendes Neulochen gekennzeichnet. Die Irrungskombinationen werden bei dem automatischen Schreiben aus dem Lochband heraus übersprungen.

Das *Rückwärtslesen* findet vorwiegend bei dem lochbandgesteuerten Kartenlochen Verwendung. Dabei werden die Lochkarten mit dem Rücken nach oben in die Lochstation des Kartenlochers eingelegt, und die Lochung beginnt mit der letzten Kartenspalte. Da das Lochen der Karte hierbei immer mit der Einerstelle eines Lochfeldes beginnt, ist das Kennzeichnen der Leerstellen links von einer Zahl im Band nicht erforderlich. Eine Sprungkombination im Band bewirkt nach dem Lochen der Zahl ein Springen des Kartenwagens bis in die Einerstelle des nächsten Lochfeldes. Bei dem Lochen des Bandes wird eine fehlerhafte Zeile durch ein an den Fehler anschließendes Lochen einer Fehlerkombination dargestellt und darauf die fehlerhafte Zeile noch einmal neu gelocht. Beim Rückwärtslesen des Bandes wird zunächst die fehlerfreie Zeile übertragen und dann die auf das Fehlerzeichen folgende falsche Zeile übersprungen.

Bei dem lochbandgesteuerten Schreiben werden dem Lochband die gespeicherten Informationen entnommen und mit Hilfe einer Schreibmaschine, eines Schnelldruckers oder dgl. automatisch in Klartext geschrieben.

Hierzu gehört z. B. das Lochbandsenden, das beim automatischen Fernschreiben angewandt wird.

Das Lochband wird im Lochbandleser abgefühlt, und die einzelnen Lochkombinationen werden in entsprechende Strom-Impulsfolgen umgewandelt, die über die Fernschreibleitung an den entfernten Empfänger übermittelt werden. Im Empfänger werden die Impulskombinationen entschlüsselt und in Klartext geschrieben oder auch zusätzlich wieder in ein Band gelocht. Im Unterschied zum Handsenden wird hierbei jede Nachricht mit der gleichbleibenden maximalen Fernschreibgeschwindigkeit übermittelt, d. h., die Fernschreibleitungen werden wirtschaftlich optimal ausgenutzt.

In der Verwaltungsorganisation hat das lochbandgesteuerte Schreiben durch die Schaffung hochentwickelter Schreib- und Organisationsautomaten ein breites Anwendungsgebiet gefunden. Es können damit z. B. solche Arbeitsgebiete wie Fertigungsvorbereitung, Auftragsbearbeitung, Rechnungsschreibung, Bestellwesen, Informationswesen oder dgl. mechanisiert werden. Die automatisch zu schreibenden Unterlagen können dabei auch aus mehreren verschiedenen Lochbandabschnitten oder Lochbandkarten (z. B. Adreßkarten und Textbandabschnitte zusammengesetzt werden.

Große Bedeutung hat das Lochbandlesen für die Ansteuerung von elektronischen Rechenmaschinen oder auch Fakturiermaschinen. Im Lochband sind hierbei die zu verarbeitenden Daten und das Rechenprogramm enthalten.

In vielen Fällen ist es vorteilhaft, die Eingabe über zwei Lochbänder erfolgen zu lassen, wenn nämlich eine große Anzahl von Daten immer wieder nach dem gleichen Programm aufgerechnet werden soll. Dann werden von dem Datenband die zu verarbeitenden Informationen und von dem Programmband, das in diesem Fall zweckmäßigerweise ein endloses Band sein kann, das Rechenprogramm in den Rechner eingegeben.

Üblich ist auch das lochbandgesteuerte Kartenlochen. Das bei den Buchungsarbeiten automatisch mit angefallene Lochband wird im lochbandgesteuerten Kartenlocher abgelesen und gleichzeitig automatisch in Lochkarten umgesetzt. Die Karten können dann nach den verschiedensten

Gesichtspunkten sortiert und aufgerechnet werden. Dieses Verfahren hat den Vorteil, daß der Vorgang des manuellen Kartenlochens mit seinen vielen subjektiven Fehlerquellen ausgeschaltet und das nachfolgende Kartenprüfen eingespart wird.

Natürlich läßt sich auch der Ablauf technischer Prozesse durch Lochband steuern. Das verbreitetste Anwendungsgebiet dieser Technik ist das Steuern von Fertigungsmaschinen oder ganzen Fertigungsanlagen durch Lochband. Nachdem bereits im Jahre 1801 der Franzose Jacquard die Herstellung schwieriger Webmuster auf Webstühlen mittels durchlochter Aufzeichnungsträger steuerte, hat erst in den letzten Jahren das Verfahren der Steuerung von Werkzeugmaschinen durch Lochbänder unter Einbeziehung der modernen Rechentechnik einen gewaltigen Aufschwung erlebt.

Das Verfahren soll am Beispiel der automatischen Fertigung eines Werkstückes auf einer Fräsmaschine kurz beschrieben werden. Die neue Art der Fertigung bringt bereits im Konstruktionsbüro eine Umstellung mit sich. Die technische Zeichnung wird nicht mehr nach den Gesichtspunkten bemaßt, wie die manuelle Herstellung des Teiles in der Werkstatt erfolgt, sondern sie enthält nur noch Positionszahlen, die die einzelnen Maßpunkte bezeichnen. In einer beigefügten Tabelle werden für alle Maßpunkte von einem festgelegten Koordinatennullpunkt aus die x- und die y-Koordinatenmaße eingetragen.

Bei dem Schreiben des Programmblattes auf einer Schreibmaschine mit angeschlossenem Bandlocher werden die Befehle für die Schaltoperationen und die Koordinatenwerte für die Bahnsteuerung gleichzeitig in ein Lochband gestanzt, das als Eingabeinformationsträger für die automatische Steuerung der Fräsmaschine dient. Für die Programmierung der Bahnsteuerung gibt es mehrere Möglichkeiten:

a) Der Programmierer löst die zu fräsende Kontur in dicht beieinanderliegende einzelne Punkte mit jeweils gleichen Abständen auf, die von der Fräsmaschine nacheinander angefahren werden

b) Der Programmierer legt nur eine bestimmte Anzahl von Stützpunkten auf der zu fräsenden Kurve fest, während die Verbindungswege zwischen den Stützpunkten durch in der Fräsmaschine eingebaute Interpolatoren (z. B. Parabelbogeninterpolatoren) bestimmt werden

c) Es werden nur der Anfangs- und Endpunkt der das Werkstück begrenzenden, mathematischen Gesetzen folgenden Kurvenstücke, das mathematische Gesetz für den Verbindungsweg zwischen den beiden Punkten und eventuelle Parameter in eine elektronische Rechenmaschine eingegeben. Diese berechnet daraus die fortlaufenden Bahnpunkte mit ihren Koordinatenwerten und überträgt sie in das Lochband, das die Fräsmaschine steuert

Natürlich läßt sich das Verfahren auch auf dreidimensionale Probleme übertragen. Das Verfahren bringt eine wesentliche Kostensenkung gegenüber der Kopierfräs- oder anderen Steuermethoden mit sich. Es ist auch bei der Fertigung von kleinen Stückzahlen oder schwierigen Einzelstücken wirtschaftlich vertretbar, da die Herstellung teurer Meisterkurven, Lineale oder dgl. entfällt. Die Herstellung des Lochbandes als Steuermittel ist

einfach und billig, und es ergibt sich dadurch eine große Flexibilität in der Fertigung.
Außer zur Steuerung von Werkzeugmaschinen bietet das Lochband noch viele Einsatzmöglichkeiten zur automatischen Steuerung von Zeichenmaschinen, von Adressenplattenprägemaschinen, von Setzmaschinen und Gießmaschinen im Druckereiwesen usw.

1.2.2.2. *Selektierlesen*

Es ist auch möglich, aus einer Vielzahl von im Lochband gespeicherten Informationen bestimmte in beliebiger Reihenfolge auszuwählen, während die anderen übersprungen werden. Dabei ist jeder Informationsgruppe im Band ein Adreßkode zugeordnet. Der Selektierleser tastet das Band mit hoher Geschwindigkeit ab, bis der vorgewählte Adreßkode erscheint. Die nachfolgende Informationsgruppe wird mit geringerer Geschwindigkeit gelesen und an die Anschlußmaschine (elektrische Schreibmaschine) weitergegeben, bis die Adresse wieder wechselt. Ein derartiger Selektierleser (Selecta data) wurde z. B. für den Flexowriter von der Firma Friden geschaffen.

1.2.2.3. *Bandmischen*

Hierbei werden die Informationen zweier Lochbänder in vorher festgelegter Weise vereinigt und in dieser Anordnung in ein drittes Band gelocht. Die Mischeinrichtung besteht also aus zwei Bandlesegeräten, einer Steuereinheit und einem Bandlochgerät, die über Verbindungskabel miteinander gekoppelt sind. Das Band 1 ist dabei das Meisterband, das in entsprechend geänderter Form in Band 3 zu übertragen ist, während das Band 2 die Symbole für die Steuerung des Mischvorgangs und die Ergänzungen zum Band 1 enthält. Es können damit folgende Arbeitsgänge durchgeführt werden:

unverändertes Übertragen von Band 1 in Band 3
Einfügen zusätzlicher Informationen
Herauslassen von unerwünschten Informationen
Korrektur falscher Informationen

1.2.2.4. *Kode-Umsetzen*

Wird ein Lochband ausgewertet, dann wird im allgemeinen der Lochschlüssel in einen anders gestalteten Schlüssel umgesetzt. Beim Umsetzen der Lochschrift in die uns geläufige Klarschrift spricht man von Entschlüsseln, im umgekehrten Fall von Verschlüsseln. Das Umsetzen eines bestimmten Lochschlüssels in einen anderen, z. B. 5er-Kode in 8er-Kode, nennt man Umschlüsseln.
Diese Funktionen übernehmen entsprechende Ent- bzw. Verschlüsselungseinheiten, die zwischen die Grundmaschine und das angeschlossene Lochbandgerät geschaltet werden. Es sind im allgemeinen Schalterkombinationen, die auf der Basis von Relais- oder Halbleiterbauelementen aufgebaut sind.
Eine Entschlüsselungseinheit besitzt eine der Zahl der Spuren im Lochband entsprechende Anzahl von n (z. B. 5 oder 8) getrennten Impulseingängen und bis zu 2^n (z. B. 32 oder 256) Ausgangsleitungen. Die Zahl

der Ausgangsleitungen hängt ab von der Anzahl der von den prinzipiell möglichen Impulskombinationen (2^n) in dem jeweiligen Kode wirklich verwendeten Kombinationen. Bei einer lochbandgesteuerten Schreibmaschine steuert also die einer bestimmten Lochkombination im Band zugeordnete Ausgangsleitung den Abdruck des dieser Lochkombination entsprechenden Typenhebels.

Bei einer Verschlüsselungseinheit liegen die Verhältnisse umgekehrt. Diese besitzt bis zu 2^n Eingänge entsprechend der Anzahl der in dem Kode darzustellenden Buchstaben, Ziffern und Zeichen und n (also z. B. 5 oder 8) Ausgänge. Bei einer Schreibmaschine mit angeschlossenem Lochbandstanzgerät bewirkt also jeder Tastendruck einen Impuls auf der zugeordneten Eingangsleitung, wodurch am Ausgang der Verschlüsselungseinheit die entsprechende Impulskombination anliegt, die als Lochkombination im Lochbandstanzgerät in das Band übertragen wird. Das Umschlüsseln erfolgt durch Hintereinanderschalten einer Entschlüsselungs- und einer Verschlüsselungseinheit.

Die in diesem Abschnitt beschriebenen verschiedenen Verfahren für das Aufbereiten und Auswerten der Lochbänder lassen sich durch entsprechende Gerätekombinationen vielfältig variieren und miteinander kombinieren.

1.2.3. Organisationshilfsmittel

Für die Wirtschaftlichkeit der Lochbandtechnik hat ein zweckmäßiges Aufbewahren der Informationsträger einen nicht zu unterschätzenden Einfluß. Es wurden Hilfsmittel geschaffen, die ein leichtes und bequemes

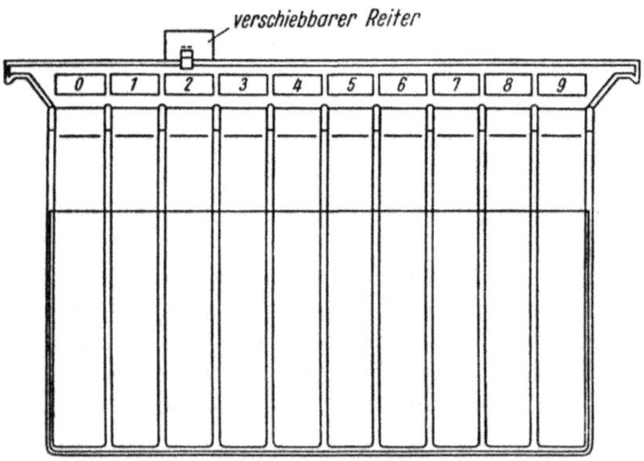

Bild 8. Aufbewahrungstasche für Lochbandabschnitte

Ordnen und Wiederauffinden von Lochbandrollen, Lochbandabschnitten und Lochbandkarten gewährleisten.

Für gelochte Bandrollen werden runde Plastedosen angeboten, die in speziellen Sortierschränken aufbewahrt werden können. Die Dosen können numeriert werden oder eine den Bandinhalt kennzeichnende Beschriftung erhalten.

Kurze Lochbandabschnitte werden zweckmäßigerweise in dafür entwikkelte Kunststofftaschen eingeordnet, die in Form einer Hängeregistratur aufbewahrt werden (Bild 8). Diese Form der Aufbewahrung bietet Übersichtlichkeit und schnellen Zugriff.

Für Lochbandkarten gibt es den Abmessungen dieser Karten angepaßte Karteikästen.

Weitere Hilfsmittel sind von Hand oder elektrisch angetriebene Rückspulvorrichtungen für Lochbandrollen sowie einfache tastatur- und antriebslose Korrekturlocheinrichtungen für die nachträgliche manuelle Korrektur von gelochten Bändern in einzelnen Lochpositionen. Bei der Einführung der Lochbandtechnik im Betrieb sollte diese organisatorische Seite von Beginn an mit beachtet und aufgebaut werden.

2. Maschinen der Lochbandtechnik

Obwohl die Entwicklung auf dem Gebiet der Lochbandmaschinen noch nicht als abgeschlossen betrachtet werden kann, gibt es heute bereits eine Vielzahl von verschiedenen Geräten und Maschinen. Je nach dem Einsatzzweck, für den die Lochbandmaschinen bestimmt sind, wurden die verschiedensten Entwicklungsrichtungen eingeschlagen. Alle Geräte und Maschinen lassen sich jedoch folgendermaßen eingliedern:

1. Lochbandleser, auch als Lochstreifenleser, Lochbandabtaster oder einfach als Streifen- bzw. Bandleser bezeichnet, haben die Aufgabe, Daten oder Informationen aus dem Lochband oder der Lochbandkarte zu lesen und in Impulse umzuwandeln. Die Lochbandinformationen werden zum Umsetzen in Lochkarten verwendet oder dienen zur Steuerung von Maschinen (z. B. Büromaschinen oder Werkzeugmaschinen). Bei Datenverarbeitungsanlagen werden Lochbandleser zur schnellen Eingabe von Daten bis zu einer Lesegeschwindigkeit von 1800 Zeichen je Sekunde eingesetzt. Die Leser dienen außerdem bei digitalen Kleinrechnern zur Eingabe des im Lochband gespeicherten Programms.

2. Lochbandlocher, die in der Praxis auch als Lochbandstanzer, Streifen- oder Bandlocher bezeichnet werden, dienen zum Lochen von Informationen in Lochbänder oderLochbandkarten. Diese Locher sind selbständige Geräte, die von Hand betätigt werden oder an Büromaschinen zur automatischen Datenerfassung angeschlossene Baueinheiten.

3. Maschinenkombinationen mit Lochbandlochern und -lesern zum Lochbandprüfen, Doppeln, Umsetzen und Auswerten der Lochbandinformationen.

2.1. Grundsätzlicher Aufbau

Im wesentlichen bestehen die Lochbandmaschinen aus folgenden Baugruppen:

1. Antrieb
2. Bandtransporteinrichtung
3. Lochbandaufwickeleinrichtung und -abwickeleinrichtung
4. Lesekopf oder Schreibkopf,

je nachdem, ob es ein Lochbandgerät zum Lesen oder Lochen (Schreiben) von Lochbändern ist.

Die prinzipielle Arbeitsweise und der technische Aufbau sind vereinfacht im Bild 9 dargestellt. Die Lochbandrollen werden im Gerät so angeordnet, daß das Abwickeln und Aufspulen des Lochbandes gewährleistet wird. Über Führungsrollen wird das Band zu den Transportrollen geleitet. Die Transportrollen transportieren das Lochband durch den Lese- bzw. Schreibkopf. Danach wird das Band in der Aufwickelspule aufgespult, wobei abermals Führungsrollen den einwandfreien Transport des Bandes im Gerät gewährleisten.
Der Aufbau der wichtigsten Baugruppen der Lochbandmaschinen wird in den folgenden Abschnitten näher beschrieben.

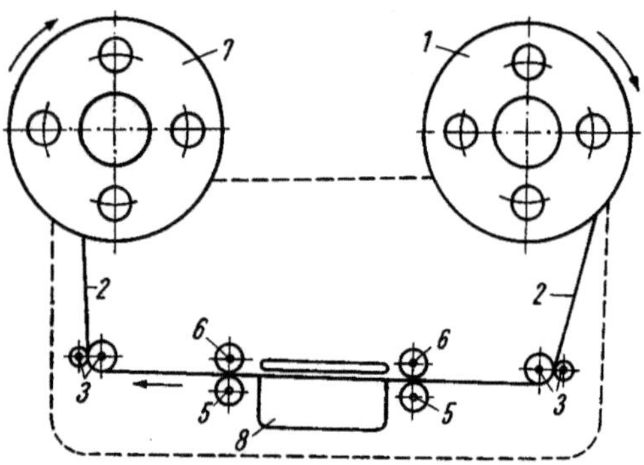

Bild 9. Prinzip des Grundaufbaus eines Lochbandgerätes

1 Lochbandrolle; *2* Lochband; *3* Führungsrolle; *5, 6* Transportrollen; *7* Lochband-Aufwickelrolle; *8* Lese- oder Schreibkopf

2.1.1. Antrieb

Der Antrieb der Lochbandgeräte erfolgt in der Regel durch Elektromotoren. Das Drehmoment des Motors wird über ein Getriebe zunächst auf die Antriebswelle übertragen. Je Lese- oder Lochvorgang führt diese Welle eine Umdrehung aus und betätigt dabei den Lese- oder Lochmechanismus und den Bandvorschub. Auf der Antriebswelle sind meist noch Schaltnocken angeordnet, die nach einem vorgegebenen Zeitdiagramm bei jeder Umdrehung Steuerimpulse abgeben. Der Schaltwelle ist noch eine Eintourenkupplung oder eine elektromagnetische Schaltkupplung und Schaltbremse vorgeschaltet, die das schnelle Stoppen des Transport- und des Lese- oder Lochmechanismus gestattet, ohne daß der Motor abgeschaltet werden muß. Außerdem wird durch den Elektromotor die Aufwickelspule für das Lochband angetrieben.

2.1.2. Bandtransporteinrichtung

Zum Transport (Vorschub) des Lochbandes sind viele Lösungsmöglichkeiten bekannt. Nach der Art der Bandbewegung lassen sich zwei Hauptgruppen unterscheiden, und zwar Einrichtungen für

1. schrittweisen Vorschub
2. kontinuierlichen Vorschub

des Lochbandes durch den Lese- oder Schreibkopf des Gerätes. Für Lochbandmaschinen mit schrittweisem Vorschub werden Schrittschaltwerke und Greiferwerke, die aus der Kinogerätetechnik bekannt sind, verwendet. Dieses Prinzip ist aber nur bei Lochbandgeräten mit geringer Geschwindigkeit anwendbar. Bei großer Geschwindigkeit wird in den Geräten der kontinuierliche Vorschub verwirklicht.

Die Schrittschaltwerke ermöglichen den schrittweisen Transport des Lochbandes, indem das letzte Getriebeglied (Stiftrad) jeweils um eine Lochteilung weitergeschaltet wird. Das Stiftrad befindet sich dauernd im Eingriff mit den Transportlochungen des Lochbandes.

Sehr verbreitet ist das Zahnklinkenschaltwerk. Bei dieser Einrichtung befinden sich auf der Transportwelle des Gerätes ein Schaltrad, ein Rastrad und ein Transportrad (Stiftrad). Bei jeder Umdrehung der Antriebswelle wird durch Eingreifen der Schaltklinke in die Verzahnung des Schaltrades, gesteuert durch ein Kurven- oder Gelenkgetriebe, die Transportwelle um eine Teilung weitergedreht. Dabei sorgt eine unter Federwirkung in den Zahnlücken des Rastrades liegende Rastrolle dafür, daß die Transportwelle in einer genau fixierten, der Teilung entsprechenden Stellung stehenbleibt. Die auf dem Umfang des Transportrades angeordneten Stifte, die in die Transportlochungen des Lochbandes eingreifen, bewirken bei jedem Schaltvorgang das Weiterbewegen des Bandes um eine Lochteilung.

Eine Ausführungsmöglichkeit für eine Bandtransporteinrichtung ist im Bild 10 zu sehen. Diese Einrichtung eines Lochbandlesers ermöglicht sowohl einen kontinuierlichen als auch einen schrittweisen Vorschub des Lochbandes. Gleichzeitig wird der Vor- und Rücklauf des Bandes bewirkt. Dazu werden zwei Magnete verwendet, deren Anker in Sperräder eingreifen.

Wie auf Bild 10 zu erkennen ist, befinden sich auf der Antriebswelle *1* die zwei im Eingriff mit den Relaisankern stehenden Sperräder, ein größeres Zahnrad mit einer Rutschkupplung *7* und das Stiftrad zum Transport des Bandes. Der Antrieb erfolgt vom Motor über die Antriebswelle *4* und die beiden Zahnräder. Die Motorwelle kann in den zwei eingezeichneten Richtungen angetrieben werden, so daß der Vor- und Rücklauf des Lochbandes möglich wird.

Zum *Vorlauf* des Lochbandes wird der Magnet *RM* erregt, so daß der Anker das Sperrad *3* freigibt. Der Vorlaufmagnet *VM* wird nun durch Impulse so gesteuert, daß er entweder stets einen Zahn des Sperrades *2* freigibt, was dem Transport des Stiftrades um eine Teilung (Schritt) entspricht, oder durch kurzzeitige fortlaufende Steuerimpulse den kontinuierlichen Vorschub des Lochbandes durchführt. Für den *Rücklauf* des Bandes ist die Umkehrung der Drehrichtung des Antriebes erforderlich.

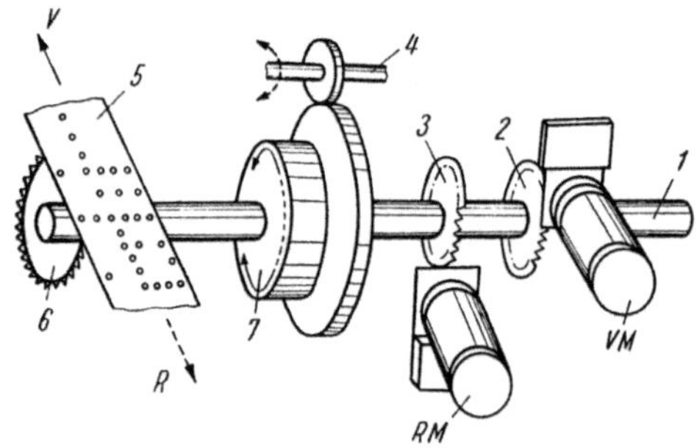

Bild 10. Transporteinrichtung für schrittweisen und kontinuierlichen Vorschub des Lochbandes

1 **Antriebswelle;** *2* **Sperrad für Vorlauf;** *3* **Sperrad für Rücklauf;** *4* **Motorantrieb;** *5* **Lochband;** *6* **Stiftrad;** *7* **Rutschkupplung;** *V* **Vorlauf des Lochbandes;** *R* **Rücklauf des Lochbandes;** *VM* **Vorlaufmagnet;** *RM* **Rücklaufmagnet**

Die Antriebswelle *1* dreht sich dadurch in der anderen Richtung. Nun wird der Magnet *VM* dauernd erregt, und über den Rücklaufmagnet *RM* die Steuerung des Rücklaufes vorgenommen. Auch hier kann die Steuerung so erfolgen, daß entweder durch Einzelimpulse ein schrittweiser Rücktransport des Bandes erfolgt, oder durch Dauererregung des Magneten das Band gleichmäßig zurückläuft.
Neben dem formschlüssigen Transport des Lochbandes durch Stifträder werden auch kraftschlüssige Einrichtungen verwendet. In dem Fall wird das Lochband von zwei Klemmbacken ergriffen, von diesen infolge Reibwirkung um den erforderlichen Weg transportiert und anschließend freigegeben. Die Klemmbacken gehen leer zurück und stehen für den nächsten Schritt bereit. Von diesem Prinzip wurde beim Creed-Bandlocher Gebrauch gemacht. Bei dieser Maschine wurde eine Geschwindigkeit von 300 Schritten je Sekunde erreicht.
Bild 11 zeigt die Wirkungsweise der Loch- und Transporteinrichtung am Creed-Locher. Der Transport des Bandes wird durch zwei abwechselnd arbeitende Klemmbackengreiferwerke bewirkt. Eingeleitet wird die Schrittbewegung durch Impulse, die die Elektromagneten *M* und *L* erregen. Hierbei werden die Hebel *N* und *P* der Transporteinrichtung freigegeben. Die Kurvenscheiben *A2* und *B2* bewegen die Glieder *D* und *E* der beiden Greiferwerke gegenläufig hin und her, während die Kurvenscheiben *A1* und *B1* die Klemmbacken *F* und *G* heben und senken. Dadurch wird das Band abwechselnd von dem ersten und dem zweiten Greiferwerk erfaßt und um einen Schritt weitertransportiert.

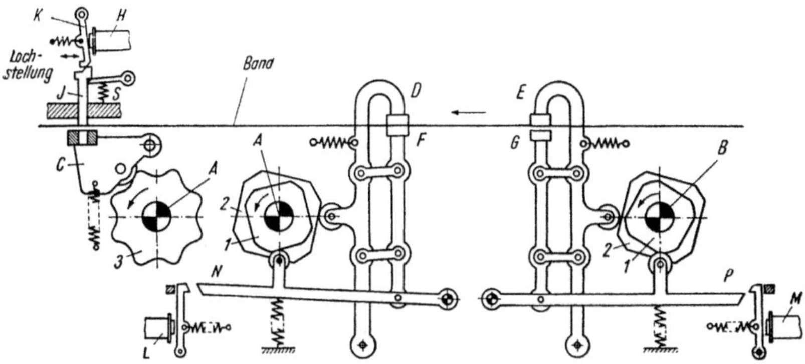

Bild 11. Aufbau einer Loch- und Transporteinrichtung für schrittweisen Transport (Creed-Locher)

	Folge der Operationen				
	1	2	3	4	5
C	locht	—	locht	—	locht
D	hält links	bewegt sich nach rechts	hält rechts	bewegt sich nach links (transportiert)	hält links
E	hält rechts	bewegt sich nach links (transportiert)	hält links	bewegt sich nach rechts	hält rechts
F	öffnet	bleibt offen	schließt	bleibt geschlossen	öffnet
G	schließt	bleibt geschlossen	öffnet	bleibt offen	schließt
H	—	Kodewechsel	—	Kodewechsel	—

2.1.3. Bandaufwickeleinrichtung und -abwickeleinrichtung

Die Wirkungsweise der Auf- und Abwickeleinrichtung war bereits im Bild 9 angegeben worden. Das Lochband wird von der Abwickelspule abgezogen, in der Transporteinrichtung gleichmäßig weiterbewegt und anschließend auf der Aufwickelspule aufgespult. Die Aufwickelspule wird vom Motor über ein Getriebe und eine Rutschkupplung gleichmäßig angetrieben. Die Abwickelspule wird bei Geräten mit niedriger Geschwindigkeit nicht angetrieben, sondern steckt lose auf einer Achse, und das Band wird durch die Wirkung der Transporteinrichtung von der Spule abgezogen.

Bei schnellen Lochbandgeräten ist eine zugfreie Zu- und Abführung des Lochbandes zu gewährleisten, um Bandriß zu vermeiden. Dazu wird zwischen dem Schreib- oder Lesekopf durch eine Steuereinrichtung eine Schlaufe erzeugt, die während des Betriebes annähernd konstant gehalten wird. Diese Konstanthaltung der Lochbandschlaufe stellt ein

Regelproblem dar, das mit mechanischen Verstärkern oder durch fotozellengesteuerte Drehzahländerungen gelöst wird.
Bandlochgeräte mit niedriger Geschwindigkeit, die nur Informationsträger mit kleinem Informationsgehalt verarbeiten, besitzen nur eine Abwickelspule oder überhaupt keine Bandspule.

2.1.4. Stanzkopf

Diese Baugruppe der Lochbandmaschinen wird auch als Schreibkopf, Stanzkopf oder Stanzeinheit bezeichnet. Sie hat die Aufgabe, die Kodelöcher und die Transportlöcher in das Band zu lochen. Der Stanzkopf besteht aus einer quer zur Bandlaufrichtung angeordneten, dem verwendeten Kode entsprechenden Anzahl von Lochstempeln, einer Stanzmatrize, einer Stempelführung, einer der Stempelzahl gleichen Anzahl

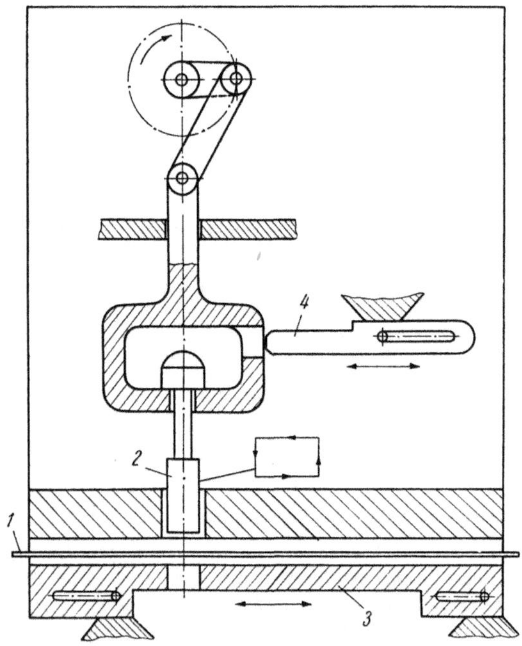

Bild 12. Locherprinzip (Schreibkopf)
1 Lochband; *2* Lochstempel; *3* Matrize; *4* Einstellhebel

von Stempelverriegelungshebeln und dem Stanzgetriebe. Der Antrieb des Stanzgetriebes erfolgt im allgemeinen durch den Antriebsmotor über die Antriebswelle. Die Ansteuerung der Stempelverriegelungshebel erfolgt bei tastaturgesteuerten mechanischen Lochern mechanisch, während bei elektromagnetischen, durch Kabel mit der Grundmaschine verbundenen Lochern das Ansteuern elektromagnetisch vorgenommen wird.

Der Lochvorgang erfolgt, wenn sich das Lochband in Ruhestellung befindet. Ein für alle Lochstempel gemeinsamer, über den Stempeln verschiebbar angeordneter Hammer bewegt sich in Richtung auf die Stempel zu, ohne jedoch die Stempel selbst zu erreichen. Seitlich oberhalb der Lochstempel befinden sich verschiebbare Einstellhebel, die über ein Gestänge durch die Tasten der Tastatur oder durch die Anker von Elektromagneten betätigt werden. Die Einstellhebel, die den gerade zu betätigenden Lochstempeln zugeordnet sind, werden in den Raum zwischen Stempelkopf und den gemeinsamen Hammer verschoben und bewirken, daß die Bewegung des Hammers auf die betreffenden Stempel übertragen wird. Die so angewählten Stempel werden durch das Lochband hindurchgedrückt, während die nicht verriegelten Stempel durch den Widerstand des Papiers in den freien Raum zwischen Stempelkopf und Hammer zurückgeschoben werden. Nachdem die betätigten Lochstempel das Band auf dem Rückwärtsweg wieder verlassen haben, bewirkt das Schrittschaltwerk den Weitertransport des Lochbandes.

Bild 12 zeigt in vereinfachter Darstellung ein Locherprinzip, wie es oben beschrieben wurde. Durch Verschieben des Einstellhebels *4* zwischen Hammer und Stempelkopf wird der Lochstempel *2* verriegelt und die Lochung ermöglicht. Die Anordnung des Schreibkopfes, wie es im Bild 12 gezeigt wird, ermöglicht auch einen kontinuierlichen Vorschub des Lochbandes, da das Stanzteil zusammen mit der Matrize *3* verschiebbar in der angegebenen Weise angeordnet ist. Der Lochstempel führt damit die eingezeichnete Relativbewegung aus.

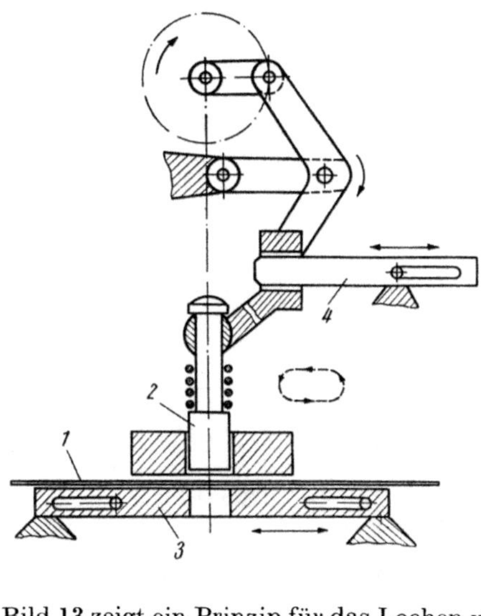

Bild 13. Schreibkopfausführung für hohe Arbeitsgeschwindigkeit

1 Lochband; *2* Lochstempel; *3* Matrize; *4* Einstellhebel

Bild 13 zeigt ein Prinzip für das Lochen während der Bewegung des Bandes bei kontinuierlichem Vorschub, wobei die Matrize eine schwingende Bewegung in der Bandebene und die Stempel eine Bewegung senkrecht zur Bandebene vollführen. Der Stanzstempel ist in dem Koppelpunkt eines

Gelenkvierecks angelenkt, wobei der Stanzstempel die dargestellte ellipsenförmige Koppelkurve beschreibt. Der Lochvorgang erfolgt in der Weise, daß nach der Verriegelung durch das Einstellorgan der Lochstempel senkrecht durch das Lochband hindurchstößt, sich um eine Schritteilung weiterbewegt und das Lochband hierbei mitzieht. Der Stempel verläßt das Band wieder senkrecht. Eine nicht mit gezeichnete Bremse hält das Lochband hier fest, während der Lochstempel auf seinem weiteren Weg

Nr.	Prinzip	Lochvorgang durch Bewegung von	Bandtransport	Bemerkung
1	mechanisch	Lochstempel 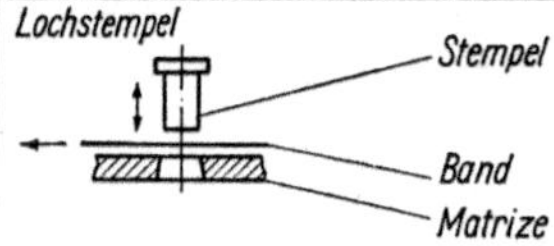	schrittweise	geringe Geschwindigkeit ($v < 150$ Zeichen/s)
2		Matrize 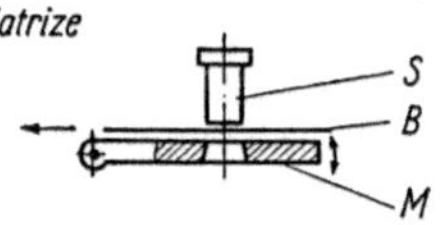		
3		Lochstempel oder Matrize mit Gestell 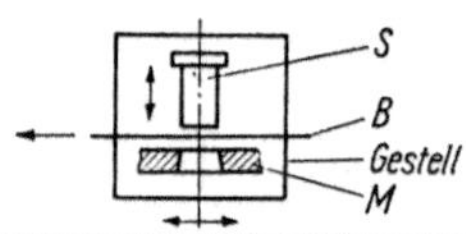	stetig	hohe Geschwindigkeit ($v > 150$ Zeichen/s)
4		Lochstempel und Matrize 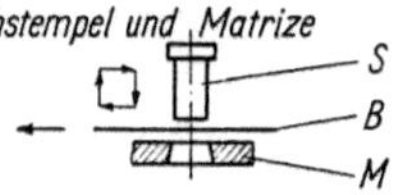		
5		Lochstempel und Matrize 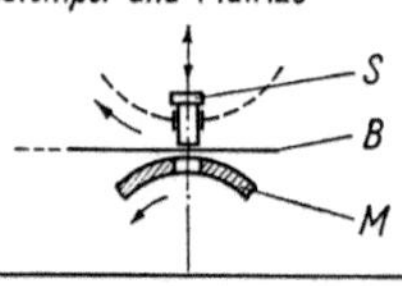		
6	elektrisch	elektrischer Funken 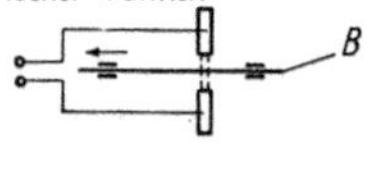	schrittweise oder stetig	praktisch nicht ausgeführt (aufwendig)
7	optisch	Laser-Strahl 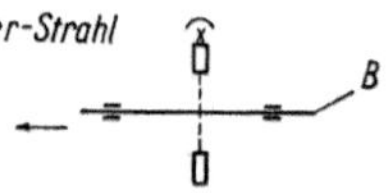	schrittweise oder stetig	praktisch nicht ausgeführt (aufwendig)

Bild 14. Ausführungsmöglichkeiten des Schreibkopfes

um einen Schritt zurückwandert und das Band aufs neue locht. Bandtransport und Lochvorgang erfolgen hier gleichzeitig und sind miteinander gekoppelt.
Die Arbeitsgeschwindigkeit des Lochbandlochers wird wesentlich durch die Anordnung des Lochstempels zur Matrize bestimmt. Im Bild 14 sind Möglichkeiten für diese Anordnung enthalten. Im einzelnen sind in dem Bild das verwendete Prinzip, der Lochvorgang, der Bandtransport und Bemerkungen zur Geschwindigkeit und zur Ausführungsmöglichkeit enthalten. Das im unteren Teil des Bildes angegebene elektrische und optische Prinzip ist nur theoretisch von Interesse, da es sich z. Z. durch den hohen technischen Aufwand nicht realisieren läßt.

2.1.5. Lesekopf

Die Aufgabe des Lesekopfes (auch als Abtasteinheit bezeichnet) ist es, die in Lochbändern oder Lochbandkarten gespeicherten Informationen zu lesen und in Impulse umzuwandeln. Die Umwandlung der Lochbandinformationen in Impulse kann technisch sehr verschieden gelöst werden. Auf einige Ausführungsmöglichkeiten, die in erster Linie vom Anwendungszweck bestimmt werden, soll in den folgenden Ausführungen hingewiesen werden.
Die Abtastung der Kodelöcher des Lochbandes kann

1. mechanisch
2. pneumatisch
3. elektrisch
4. fotoelektrisch bzw. dielektrisch

erfolgen. Beim mechanischen Prinzip werden Fühlstifte verwendet, die in Ruhelage des Lochbandes die Lochkombinationen abtasten.

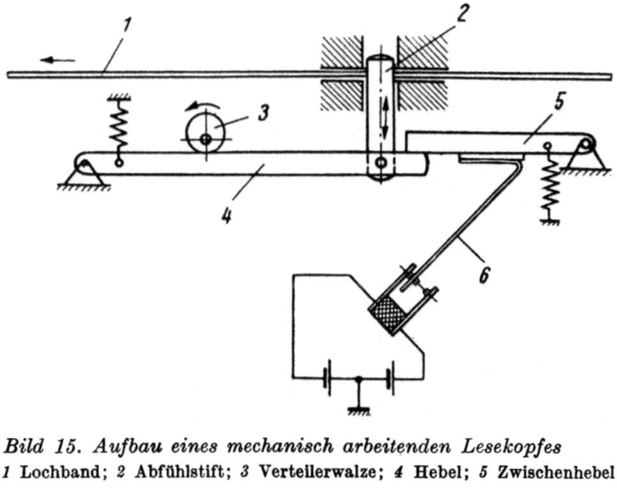

Bild 15. Aufbau eines mechanisch arbeitenden Lesekopfes
1 Lochband; 2 Abfühlstift; 3 Verteilerwalze; 4 Hebel; 5 Zwischenhebel; 6 Senderanker

Bild 15 zeigt eine solche Ausführung. Das Lochband *1* wird gleichzeitig durch soviel Abfühlstifte *2* abgefühlt, wie Spuren auf dem Band angeordnet sind. Die unter Federkraft stehenden Hebel *4* werden mit Hilfe der Verteilerwalze so beeinflußt, daß die Abfühlstifte in die Kodelöcher einfallen, wenn die gezeichnete Stellung erreicht ist. Durch den Zwischenhebel *5* wird diese Bewegung an den Senderkontakt weitergeleitet und dabei der Kontakt geschlossen. Es entsteht somit der Abtastimpuls. Ist kein Kodeloch über dem Abfühlstift, dann setzt der Stift lediglich nur auf dem Band auf, und der Senderanker *6* wird nicht betätigt.

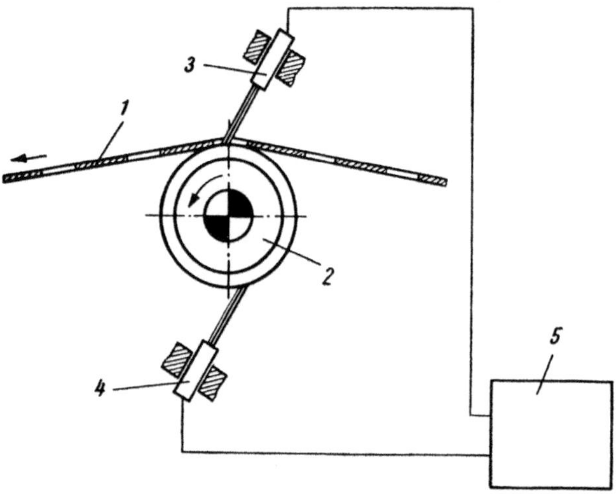

Bild 16. Elektrisches Lochbandleseprinzip
1 Lochband; *2* Kontaktwalze; *3* Fühlbürste; *4* Schleifbürste; *5* Elektromechanische Steuerorgane

Das elektrische Abtastprinzip ist im Bild 16 zu sehen. Mit Hilfe eines Stiftrades wird das Lochband *1* über die Kontaktwalze *2* gezogen. Von oben liegen mit leichtem Druck die elektrischen Kontaktbürsten *3* auf dem Band auf. Kommt ein Kodeloch unter die Bürste, so fällt sie in das Loch ein und schließt über die Kontaktwalze einen Stromkreis. Liegt kein Loch unter der Bürste, dann bleibt der Stromkreis durch das Papierband unterbrochen.

Für Lochbandleser hoher Geschwindigkeit wird das fotoelektrische Leseprinzip angewendet. Bild 17 zeigt dieses Prinzip. Über dem Lochband befindet sich eine Lichtquelle *1*, die eine dem Kode entsprechende Zahl von Lichtbündeln aussendet. An den Stellen der Lochungen treten die Lichtbündel durch das Lochband hindurch und erregen darunterliegende Fotoelemente *3*. Der entstehende Impuls wird durch einen angeschlossenen Verstärker verstärkt. Der Transport des Lochbandes kann sowohl schrittweise als auch kontinuierlich erfolgen. Für hohe Geschwindigkeiten eignen sich dazu Transportrollen, die als Start- und Stopprollen ausgeführt sind. Durch das Andrücken der Stopprollen über einen Hebel kann das Band leicht zum Halten gebracht werden. Bei großer Geschwindigkeit wird das Band nach dem Stoppbefehl noch einen gewissen Weg zurücklegen, so daß im ungünstigsten Fall einige Lochkombinationen „überfahren“ werden. Damit diese Informationen nach dem Starten des Bandes zur

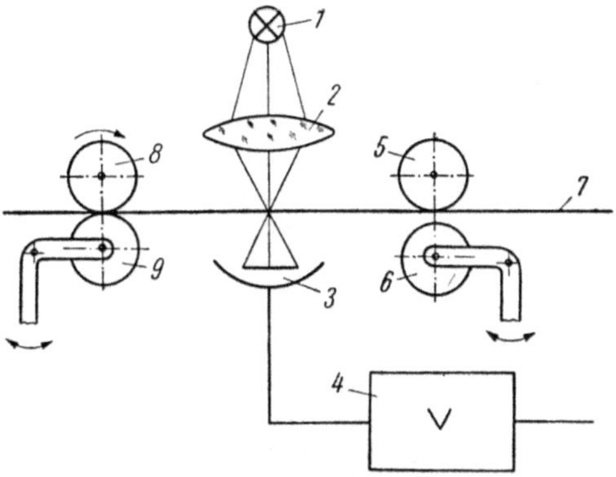

Bild 17. Fotoelektrisches Leseprinzip
1 Lampe; *2* Linse; *3* Fotoelement; *4* Verstärker; *5, 6* Stopprollen; *7* Lochband; *8, 9* Startrollen

Auswertung zur Verfügung stehen, werden sie entweder zwischengespeichert, oder das Band wird zurücktransportiert, wie im Bild 18 dargestellt. Nach dem Stoppbefehl z, der z. Z. t_1 gegeben wird, legt das Band noch den Weg von s_1 bis s_2 zurück. Um diesen Betrag wird das Band zurückbewegt, bevor die nächsten Informationen gelesen werden.

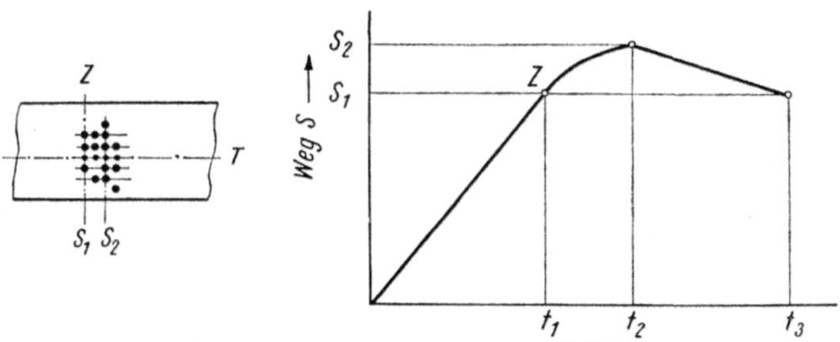

Bild 18. Rücktransport des Lochbandes bei hoher Lesegeschwindigkeit

Praktisch wird dieser Rücktransport mit Hilfe entsprechender Schaltungen ausgeführt. So kann beispielsweise eine Fangschaltung, in der alle gelesenen Zeichen geprüft werden, eingesetzt werden. Tritt im Lochband ein Stoppzeichen auf, so wird der Antriebsmotor abgeschaltet und nach dem Anhalten des Bandes automatisch auf Rückwärtslauf umgeschaltet.

Durch bestimmte Schaltmittel wird dabei erreicht, daß der Rückwärtslauf des Antriebsmotors mit geringer Geschwindigkeit erfolgt und daß unter Steuerung der Fangschaltung beim erneuten Lesen des Stoppzeichens der Antriebsmotor endgültig abgeschaltet wird, bis ein neuer Startbefehl gegeben wird.

2.2. Beschreibung handelsüblicher Lochbandgeräte

Im folgenden Abschnitt werden einige Geräte und Maschinen der Lochbandtechnik beschrieben, die z. Z. auf dem Markt angeboten werden. Die Zahl dieser Geräte und Maschinen ist sehr groß, so daß hier nur einige typische Maschinen kurz in ihrem Aufbau und mit Anwendungshinweisen erwähnt werden können.

2.2.1. Lochbandgesteuerte Schreibautomaten

Zu den bedeutendsten Maschinen für die Datenerfassung und teils auch für die Datenverarbeitung haben sich die lochbandgesteuerten und lochbanderzeugenden Schreibautomaten und Organisationsautomaten entwickelt. Die Steuerung dieser Automaten erfolgt neben dem Lochband auch durch die Tastatur oder durch spezielle Programmeinrichtungen (Programmtafel oder -schiene).
In ihrem Grundaufbau bestehen diese Maschinen aus einem Lochbandgerät oder zwei Lochbandlesern und -lochern, die meist elektrisch durch Kabel mit der Anschlüßmaschine, einer elektrischen Schreibmaschine, gekoppelt sind.
Ursprünglich war es die Aufgabe der Schreibautomaten, ständig wiederkehrende Texte zu schreiben, wobei das automatische Schreiben von Werbebriefen als Originalbriefe sich als besonders vorteilhaft erwies. Die Briefe konnten mit hoher Geschwindigkeit und fehlerfrei geschrieben werden.
In der Folgezeit wurden diese Automaten weiter verbessert, wobei sich die Anwendungsgebiete immer mehr erweiterten. Es zeigte sich, daß je nach Fachgebiet 40 bis 70% der Post durch diese Automaten geschrieben werden konnten, wobei die vier- bis fünffache Leistung einer Stenotypistin erreicht werden kann.
Mit der Entwicklung der elektronischen Datenverarbeitung nahm auch die Bedeutung der Datenerfassung zu, da nur die ökonomische Datenerfassung die Datenverarbeitung sinnvoll macht. Die Schreibautomaten erhielten im System der Informationsverarbeitung einen wichtigen Platz, da sie die Erfassung der Primärinformationen auf maschinenlesbaren Datenträgern in Form von Lochbändern ermöglichten. Solche Arbeiten sind z. B. in der Arbeitsvorbereitung der Industriebetriebe ständig durchzuführen. Außerdem lassen sich die Automaten als Zubringeraggregate für die elektronische Datenverarbeitung verwenden, indem Programmlochbänder für Datenverarbeitungsanlagen, Werkzeugmaschinen, Steuer-, Meß- und Regeleinrichtungen, hergestellt werden.
Bild 19 zeigt den Schreibautomaten OPTIMA 527 im Einsatz. Auf dem Bild ist die Schreibeinheit und die Steuertastatur zu sehen. Im Vordergrund links ist ein Lochbandleser zu erkennen, der einen als unendliches

Band ausgeführten Informationsträger liest. Für das Bedienen des Automaten genügen Schreibmaschinenkenntnisse. Die Bedienung der Steuertastatur ist einfach (auf den Aufbau und die Wirkungsweise der Steuertastatur wird im Abschnitt 2.3. Programmierung von Lochbandgeräten noch eingegangen). Sie ermöglicht die Steuerung des Lochbandlochers und -lesers und das Lochen zusätzlicher Lochkombinationen im Ausgabelochband.

Bild 19. Optima-Schreibautomat 527

In den verschiedensten Ausführungen wird der Eichner-Organisationsautomat angeboten. Ein Modell der EICHNER-typer Serie 800 (Typ 821) zeigt Bild 20. Während das Modell 811 dieser Serie mit einem Leser und einem Locher ausgeführt ist, sind in dem Modell 821 insgesamt zwei Leser und ein Locher eingebaut. Der zweite Leser dient hier vor allem der automatischen Eingabe von Adressen mit persönlicher Anrede bei Werbebriefen, der variablen Steuerung programmierter Abläufe und dem automatischen Einfügen variabler Daten in Standardtexte.
In der Standardausrüstung enthält der Eichner-Organisationsautomat eine elektrische Schreibmaschine, einen geräuschgedämpften Magnetlocher und -leser mit Kugelabtastung. Die Leser und Locher sind serienmäßig so ausgeführt, daß sie sowohl Lochbänder als auch Lochbandkarten verarbeiten können. Die elektronische Steuerung ist mit Hilfe gedruckter Schaltungen aufgebaut. Die Funktionstasten sind vor der Schreibmaschinentastatur angeordnet. Der Automat arbeitet auf der Grundlage des internationalen achtspurigen BCD-Kode (s. S. 14).

Zusatzeinrichtungen erleichtern das Arbeiten mit den Organisationsautomaten und erweitern den Anwendungsbereich. So können Stapelleser für das automatische Zuführen von verschieden ausgeführten Lochbandkarten eingesetzt werden. Endlosformularführung und elektrischer Formulartransport sind gewährleistet. Außerdem kann mit Hilfe des Prüfers das Prüflochen von Lochbändern vorgenommen werden. Die elektronische Locherrückmeldung erhöht die Arbeitssicherheit.

Bild 20. Eichner-Schreibautomat 821

Hier nun abschließend in Stichworten einige Einsatzgebiete der Organisationsautomaten:

Verkauf: Auftragsbearbeitung mit Datenerfassung, Ausschreiben von Preis-, Bestands- und Ersatzteillisten, Korrespondenz, Angebote

Einkauf: Wareneingangsscheine, Bestellungen, Ausschreibungen, Mahnschreiben (mit und ohne Datenerfassung)

Werbung: Manuskriptschreiben, Werbebriefe, Schreiben von Schablonen für Umdruck, Bürovervielfältiger und Kleinoffset

Kundendienst: Reklamations- und Anfragebearbeitung, technische Beratung

Export: Schreiben fremdsprachiger Adressen und Texte, Warenbegleitscheine

Buchhaltung: Eingangsrechnungen, Überweisungen, Daueraufträge, Inventur- und Bilanzaufstellung, Mahnwesen

Personalabteilung: Einstellungsschreiben, Verträge, Führung der Personalstammkartei, Erfassung der Personal-Stammdaten

Arbeitsvorbereitung: Ausschreiben von Stücklisten und Fertigungsplänen, Änderungsdienst (mit und ohne Datenerfassung)

Fertigung: Numerische Werkzeugmaschinensteuerung

Dokumentation: Erfassung bibliografischer Daten für Sach- und Autorenkartei, Informations- und Auskunftsdienst

Druckerei: Gewinnung von Lochbändern zur Steuerung von Setzmaschinen

2.2.2. Lochbandlocher

Eine große Zahl von Bandlochern wird auf dem Markt angeboten. Es würde die Möglichkeiten dieses Bandes übersteigen, wollte man auch nur annähernd eine Gesamtübersicht über die vorhandenen Locher geben. Es wird deshalb im folgenden nur auf zwei typische Vertreter hingewiesen. Und zwar wird ein Lochbandlocher für niedrige Geschwindigkeit beschrieben und ein Locher für höhere Geschwindigkeit erwähnt.

Bild 21. Soemtron-Lochbandlocher

Bild 21 zeigt den SOEMTRON-Lochbandlocher. Dieser Locher ist als Anschlußgerät für die Lochbandausgabe zur Datenerfassung bei Büromaschinen gedacht. So wird er in Schreibautomaten verwendet. Auch in Verbindung mit Fakturier- und Buchungsautomaten wird dieser Lochbandlocher eingesetzt. Die Arbeitsgeschwindigkeit ist der Operationsgeschwindigkeit der Anschlußmaschinen angepaßt und beträgt maximal 50 Zeichen je Sekunde. Die Leistungsaufnahme wird mit 100 VA angegeben. Die Masse beträgt 15 kg.
Der Lochbandlocher kann sowohl für das Lochen von Lochbändern als auch für Lochbandkarten eingesetzt werden.

Einen Einblick in den inneren Aufbau eines solchen Lochers vermittelt Bild 22. Es zeigt den Locher, nachdem die Haube abgenommen wurde. Es ist der Motor *1*, der Antrieb für die Lochbandrolle *2* und die Ansteuerung *3* (verdeckt) zu erkennen. Die Kodierung des Lochers kann so erfolgen, daß fünf- bis achtspurige Lochbänder und Lochbandkarten gelocht werden können.

Bild 22. Soemtron-Lochbandlocher ohne Schutzhaube

Für die schnelle Ausgabe von Daten bei Datenverarbeitungsanlagen oder elektronischen Rechenmaschinen ist der Facit-Schnellocher entwickelt worden. Bild 23 zeigt den Loch- und Transportmechanismus des Facit-Lochers. Mit diesem Locher läßt sich eine Arbeitsgeschwindigkeit von 150

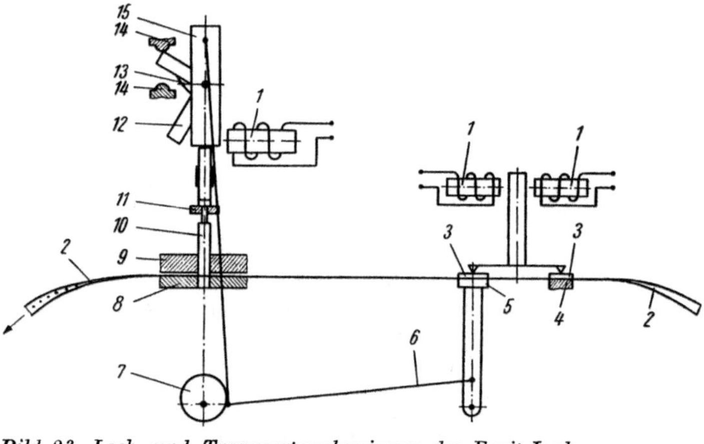

Bild 23. Loch- und Transportmechanismus des Facit-Lochers

1 Magnet; *2* Lochband; *3* Platte; *4* Bremsplatte; *5* Schlitten; *6* Pleuelstange; *7* Exzenter; *8* Lochplatte; *9* Führungsplatte; *10* Lochstempel; *11* Halter; *12* Hammer; *13* Feder; *14* Anschlag; *15* Fallbär

Zeichen je Sekunde erreichen. Es können fünf- bis achtspurige Lochbänder gelocht werden. Die Transporteinrichtung arbeitet elektromagnetisch, wie aus dem Bild zu erkennen ist. Der Antrieb der Lochereinrichtung erfolgt mit Hilfe eines Exzenters. Bild 24 zeigt den Locher zusammen mit der elektrischen Steuereinrichtung.

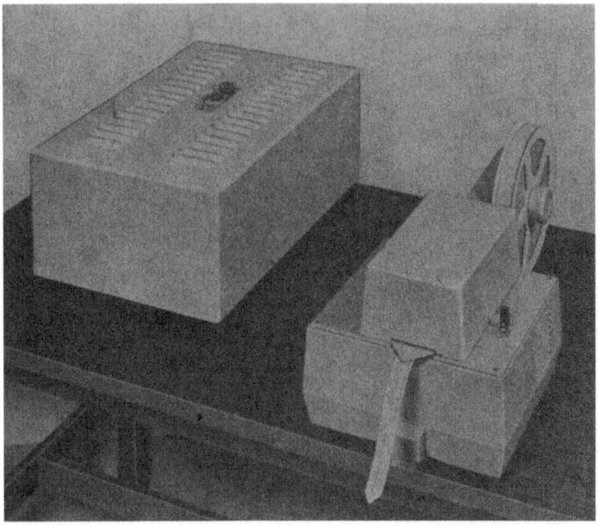

Bild 24. Facit-Lochbandlocher mit elektronischer Steuereinheit

Für einige bekannte *Lochbandlocher* sollen die wichtigsten Angaben, wie Arbeitsgeschwindigkeit und Spurenzahl, genannt werden:

Firma	Arbeitsgeschwindigkeit in Zeichen/Sekunde	Spurenzahl
Soemtron	50	5 bis 8
Burroughs	60	6 und 7
Remington	60	5 bis 7
RCA	100	5 und 7
General Electric	110	5 bis 8
Control Data	110	5 bis 8
National Cash	120	5 bis 8
Facit	150	5 bis 8
RCA	300	5 und 7

2.2.3. Lochbandleser

Die Zahl der auf dem Markt angebotenen Lochbandleser ist ebenfalls recht groß. Es sollen hier nur zwei Ausführungen erwähnt werden.

Für die Steuerung von Büromaschinen und zur Eingabe von Daten in Fakturier- und Buchungsmaschinen wurde der Soemtron-Lochbandleser entwickelt. Bild 25 zeigt diesen Lochbandleser. Der Leser kann fünf- bis achtspurige Lochbänder und Lochbandkarten lesen. Beim Abtasten werden Impulse ausgegeben, die an die Anschlußmaschine weitergeleitet werden. Das Abtasten erfolgt parallel. Die Masse des Gerätes beträgt 11 kg. Als Arbeitsgeschwindigkeit werden bis zu 25 Zeichen je Sekunde erreicht. Diese Geschwindigkeit entspricht der Operationsgeschwindigkeit der Anschlußmaschinen, für die der Leser zum Eingeben der Daten vorgesehen ist.

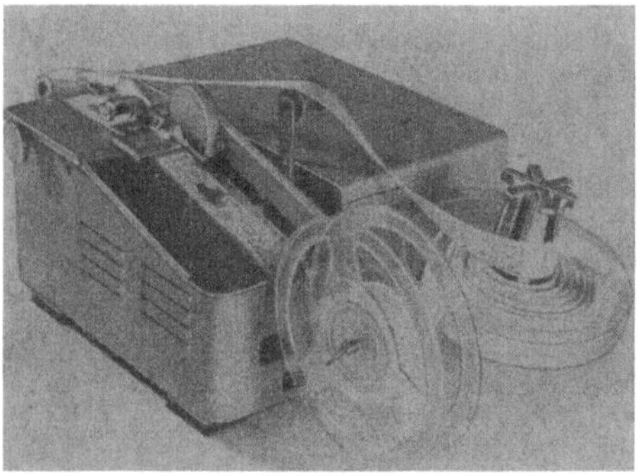

Bild 25. Soemtron-Lochbandleser für fünf- bis achtspurige Lochbänder und Lochbandkarten

Der Soemtron-Lochbandleser ist mit einer Bandabwickeleinrichtung und -aufwickeleinrichtung versehen, wobei das Abwickeln aus der Rollenmitte erfolgen muß, da sich dort das Bandende befindet. Für das Auslösen der Start-Stop-Einrichtung enthält das Gerät entsprechende Drucktasten. Das Abfühlen der Lochkombinationen erfolgt elektromechanisch mit Hilfe von Abfühlnadeln.

Für die Eingabe von Daten in Datenverarbeitungsanlagen wurden zahlreiche Lochbandleser entwickelt. So werden beispielsweise beim Facit-Leser die Daten im Lochband nach dem dielektrischen Prinzip gelesen. Es können fünf- bis achtspurige Lochbänder bearbeitet werden. Die Lesegeschwindigkeit beträgt 1000 Zeichen je Sekunde. Durch einen Stoppimpuls der Anschlußmaschinen wird das Lochband trotz der hohen Geschwindigkeit innerhalb einer Lochteilung zum Halten gebracht. Der Bremsweg beträgt etwa 0,3 mm. Die Transporteinrichtung arbeitet elektromechanisch. Die elektronischen Schaltungen sind transistorisiert.

Hier die wichtigsten Daten einiger *Lochbandleser:*

Firma	Lesegeschwindigkeit in Zeichen/Sekunde	Spurenzahl
Soemtron	25	5 bis 8
RCA	100	5 bis 7
Remington	240	5 bis 8
IBM	500	5 bis 8
Facit	1000	5 bis 8
General Electric	1000	5 bis 8
Olympia	1200	8
NCR	1800	5 bis 8

2.2.4. Maschinenkombinationen mit Lesern und Lochern

Es existiert eine nicht übersehbare Zahl von Kopplungen zwischen Lochbandgeräten und den verschiedensten Maschinen zur Datenerfassung und Datenverarbeitung. Die Ausführung kann je nach dem Einsatzgebiet so gewählt werden, daß

1. das Lochbandgerät fest in der Grundmaschine eingebaut ist
2. das Lochbandgerät als selbständiges Gerät mit der Grundmaschine elektrisch durch Kabel verbunden ist

Für jede dieser Ausführungsmöglichkeiten soll nur ein Beispiel angegeben werden.

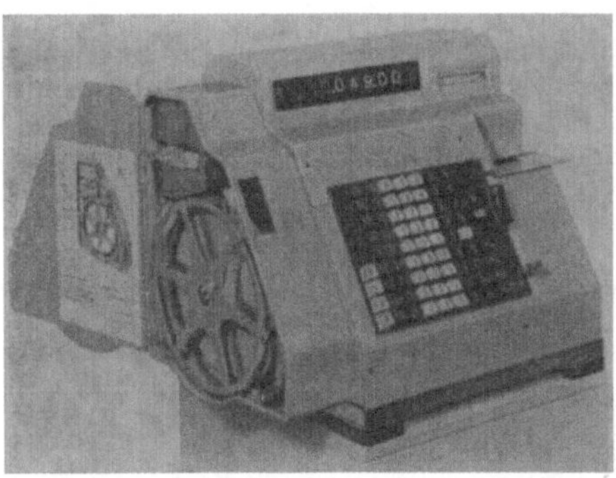

Bild 26. Sweda-Registrierkasse Modell 76 mit eingebautem Lochbandlocher

Bild 26 zeigt die Sweda-Registrierkasse Modell 76 mit eingebautem Lochbandlocher. Durch diese Kombination wird es möglich, alle Verkaufsdaten, die für die weitere Bearbeitung erforderlich sind, ohne Mehrarbeit in den maschinenlesbaren Datenträger zu übertragen. Nach dem Verkaufstag kann das gelochte Band dann dem Datenverarbeitungszentrum zur weiteren Bearbeitung übergeben werden. Dort erfolgt die Auswertung nach den verschiedensten Gesichtspunkten. Der Vorteil liegt vor allem darin, daß stets eine Übersicht über den Verkauf vorhanden ist.

Die Kopplung einer Saldiermaschine Ascota-Duplex Klasse 117L mit einem Soemtron-Lochbandlocher zeigt Bild 27. Durch diese Maschinenkombination wird es möglich, auch kleinere Betriebe in die Datenverarbeitung einzubeziehen, da mit der Maschine Klasse 117L die Datenerfassung ohne Mehrarbeit durchgeführt werden kann. Diese Maschine wird vorwiegend in kleineren Buchhaltungen mit geringem Beleganfall sowie in Filial-, Lager- oder Nebenbuchhaltungen eingesetzt.

Bild 27. Ascota-Saldiermaschine Klasse 117 L mit angeschlossenem Lochbandlocher

Durch den Anschluß des Lochbandgerätes ist der synchrone Lauf zwischen Buchungsmaschine und Locher notwendig. Diese Synchronisation wir durch ein Programmgerät des Lochers kontrolliert. Für die Bedienungskraft ergeben sich außer dem Neuauflegen des Lochbandes keine zusätzlichen Arbeiten.

2.3. Programmierung von Lochbandgeräten

Da die Lochbandgeräte in der Regel nur in Verbindung mit anderen Maschinen für Probleme der Datenerfassung und Datenverarbeitung eingesetzt werden, ist auch die Betrachtung der Programmierung nur in Verbindung mit anderen Maschinen sinnvoll.
Die Voraussetzung für die Durchführung von organisatorischen und technischen Aufgaben bildet die Festlegung eines geeigneten Auswertungsbogens oder Formulars, wo die Reihenfolge der Arbeitsgänge und die Gestaltung und Anordnung der zu schreibenden Informationen angegeben sind. Meist handelt es sich um alphanumerische Daten, die auszuwerten sind. Als Beispiel soll die Programmierung von Lochbandgeräten in Verbindung mit elektrischen Schreibmaschinen, die in dieser Kombination als Schreibautomaten oder Organisationsautomaten Verwendung finden, betrachtet werden.

Schreibautomaten sind bekanntlich solche Schreibmaschinen, die maschinenlesbare Informationsträger, wie Lochbänder und Lochbandkarten, automatisch lesen können und die alphanumerischen Angaben selbsttätig in festgelegte Spalten oder Felder niederschreiben. Außerdem ermöglichen sie durch angeschlossene Lochbandlocher das Speichern von auszuwertenden Informationen in Informationsträger.
Es sind bei den Schreibautomaten Steuer- und Programmfunktionen zu unterscheiden. Während die Steuerfunktionen zur Formularsteuerung erforderlich sind (z. B. Zeilenschaltung, Tabulatorsprung, Rück- und Leertaste), regeln die Programmfunktionen das Niederschreiben von Daten und die Speicherung von Informationen im Lochband, das als Nebenprodukt anfällt und zur Weiterbearbeitung erforderlich ist.

Programmfunktionen sind:

- Leserumschaltung zur automatischen Umschaltung von einem Lochbandleser zum anderen
- automatische Steuerung des Lochbandlochers für Ein- und Ausschaltung
- Nichtschreiben-Einrichtung zum Ausschalten der Schreibeinheit
- Wiederschreiben-Einrichtung zum Einschalten der Schreibeinheit
- Locherausschaltung
- Bandsprung-Einrichtung zum Aufheben und Einleiten des Lochbandsprungs
- automatische Programmsteuerung durch die Programmtafel oder -schiene
- Duplizieren von Informationen usw.

Bei der Programmierung der Lochbandgeräte müssen nun die Steuer- und Programmfunktionen in den einzelnen Arbeitsabläufen festgelegt werden.
Für die Lochung der Steuer- und Programmfunktionen haben sich international weitgehend einheitliche Kodierungen für Schreibautomaten durchgesetzt. So wird sowohl für den Optima- als auch Eichner-Organisationsautomaten beispielsweise folgende Kodierung für Steuer- und Programmfunktionen verwendet (Lochkombinationen im Acht-Spurband, o $\triangleq$ Kodeloch):

Lochkombination	Funktion
Spur 123 45678	
——.——	Wagenrücklauf
oo.ooo	Tabulatorsprung
oo .	Leserstop
o.oo	Nichtschreiben
oo.o	Leserumschaltung
o o.o oo	Bandsprung
oo.o oo	Einschaltung des 2. Loches
ooo.oooo	Korrekturlochung

Im Bild 28 ist die Schreibeinheit der Optima-Maschine zusammen mit der Steuertastatur (rechts im Bild) zu sehen. Die Bedeutung der Funktionstasten geht aus Bild 29 hervor. Die verwendeten Symbole sind aus

Bild 28. Schreibeinheit und Steuertastatur des Optima-Organisationsautomaten

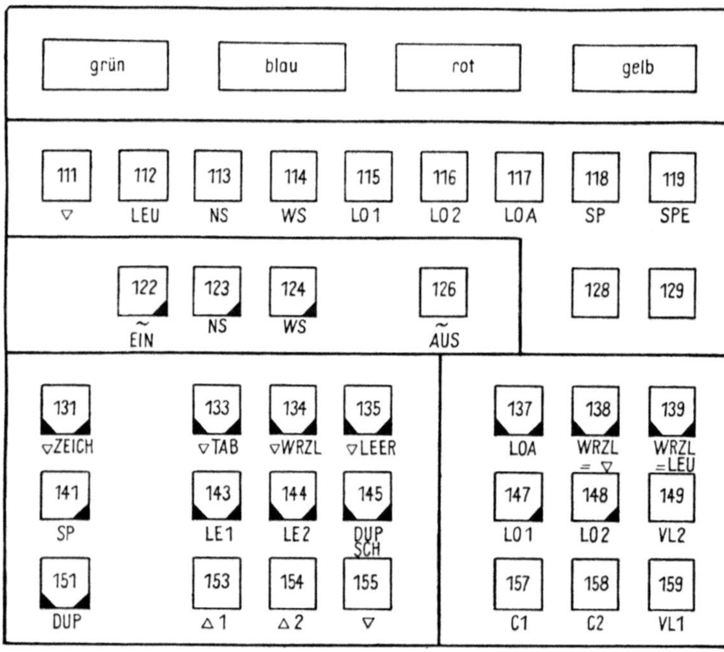

Bild 29. Aufbau der Steuertastatur eines Organisationsautomaten (Optima)

dem Lochbandschlüssel für diesen Schreibautomaten entnommen. Es bedeutet z. B. LEU Leserumschaltung, NS Nichtschreiben, WS Wiederschreiben). Die Funktionstasten sind in drei verschiedenen Arten ausgeführt:

a) einfache Tasten, die nicht rasten und nicht leuchten (□)

b) Leuchttasten (□)

c) leuchtende Rasttasten (□)

Die Tastatur ist so eingeteilt, daß vier Gruppen von Tasten entstehen, und zwar Gruppe

1 Tasten für das Ein- und Ausschalten der Schreibeinheit

2 Tasten für die manuelle Steuerung der Locher

3 Tasten für die manuelle Steuerung der Leser

4 Tasten für Programmlochungen

Zur ersten Gruppe zählen beispielsweise die Tasten EIN (122), NS (123), WS (124) und AUS (126), während zur vierten Gruppe die Tasten ab Nr. 111 zu rechnen sind.

Eine weitere wichtige Einrichtung für den Programmablauf stellen bei den Schreib- bzw. Organisationsautomaten die Programmtafeln oder Programmschienen dar. Diese Einrichtungen ermöglichen den vollautomatischen Ablauf verschiedener Programme. Damit wird es möglich, den Abruf von Steuer- und Programmfunktionen auf zwei Wegen durchzuführen:

1. von der Programmtafel oder Programmschiene
2. aus der Lochbandkarte oder dem Lochband

Durch die Programmtafel, die auswechselbar im Maschinentisch untergebracht ist, werden beispielsweise folgende Funktionen programmiert:

automatischer Tabulatorsprung und -stopp

Wagenrücklauf mit Zeilenschaltung

Ein- und Ausschalten der Lochbandlocher

Ein- und Ausschalten der Pufferspeicher

Auffüllung der ungenutzten Stellen mit Leerschritten oder Nullen

Die Programmschiene hat ähnliche Funktionen zu erfüllen. So ermöglicht sie, alle Steuer- oder Programmfunktionen wirksam werden zu lassen, ohne daß eine Lochkombination im Lochband gelesen wird. Die automatische Programmsteuerung wird durch eine bestimmte Lochkombination im Lochband mit dem Befehl „Programmsteuerung durch die Programmschiene" eingeleitet. Diese Schiene ist am Wagen der Schreibmaschine fest angeordnet, wobei die Kontaktgabe mittels Schleifkontakten erfolgt. Die Programmschiene veranlaßt dann solche Befehle, wie das Ein- und Ausschalten des Lochers, Nicht- und Wiederschreiben.

Sämtliche Lochkombinationen (Kodes), die für die Durchführung eines bestimmten Arbeitsablaufs erforderlich sind, werden in das Programmlochband gelocht. Das Programmband enthält somit nicht nur die Befehle für die erste Arbeitsstufe, sondern auch die Kodes für die folgenden Arbeitsgänge. Dieses Band enthält in der Regel keine alphanumerischen Daten.

Abschließend soll auf die Programmierung eines Programmbandes zur Formularsteuerung eines Rechnungskopfes kurz hingewiesen werden. Es ist folgender Rechnungskopf zu programmieren:

	Firma			
	(Name)			
	Ort			
	Straße			
	Tab.	Tab.	Tab.	
	Datum	Rechnungs-Nr.		
Bestell-Nr.	Datum der Bestellung	Bez.	Vertr.	Auftragsbest.-Nr.

Als Vorarbeit ist hier zunächst die Festlegung der Tabulatoren (Tab.) und der Randeinstellung erforderlich. Die Lage der Tab. ist im Formularkopf oben angegeben.

In dem Fall werden im Programmband folgende Angaben erscheinen:

L	W	W	S		W	S		W	S		W	S		
O	A	A	T	Firma	A	T	Name	A	T	Ort	A	T	Unterstreichung	
A	R	R	P		R	P		R	P		R	P		usw.

In dem Band sind die Symbole für die Steuerung der Maschine untereinandergesetzt. So erscheinen auch die Lochkombinationen übereinander, wenn das Programmlochband in dieser Lage gehalten wird. Oben sind folgende Symbole und Daten in das Band gelocht: Locher aus LOA, Wagenrücklauf WAR, Wagenrücklauf WAR, Stop STP, Firma (Name), WAR, STP, Ort, WAR, STP, Unterstreichung des Ortes. Aus dieser Darlegung ergeben sich die weiteren, nicht mit angegebenen Kodes für die Anschrift: Wagenrücklauf, Stop des Wagens, Schreiben der Straße, Wagenrücklauf und die Tabulatorsprünge für das Datum, die Rechnungsnummer usw. Der zweimalige Wagenrücklauf zu Beginn nach der Locherausschaltung ist erforderlich, um den Schreibmaschinenwagen beim Schreiben der Adresse in die richtige Schreibstellung zu bringen.

3. Anwendungsbeispiele der Lochbandtechnik

In den folgenden Abschnitten werden einige Beispiele für die Anwendung der Lochbandtechnik auf den Gebieten Datenerfassung, Datenverarbeitung und Datenübertragung behandelt.

3.1. Datenerfassung

In der Vergangenheit kamen Methoden der Datenerfassung zur Anwendung, die durch die zeitliche Verschiebung zwischen dem Entstehen Erfassen und Verarbeiten der Daten in der elektronischen Datenverarbeitungsanlage gekennzeichnet waren. Durch die Anwendung von lochbanderzeugenden Maschinen wurde ein bedeutender Rationalisierungsgewinn erzielt, da mit der Herstellung des Belegs auch gleichzeitig der Informationsträger ohne Mehrarbeit entstand. Diese Form der Datenerfassung wird oft als Nebenbeiaufbereitung bezeichnet.
Die Bedeutung des Lochbandes für die numerische und alphanumerische Datenerfassung hat immer mehr zugenommen, was sich besonders deutlich in der großen Zahl von Maschinenkopplungen mit Lochbandlochern zum Herstellen von Ausgabelochbändern zeigt. So werden beispielsweise

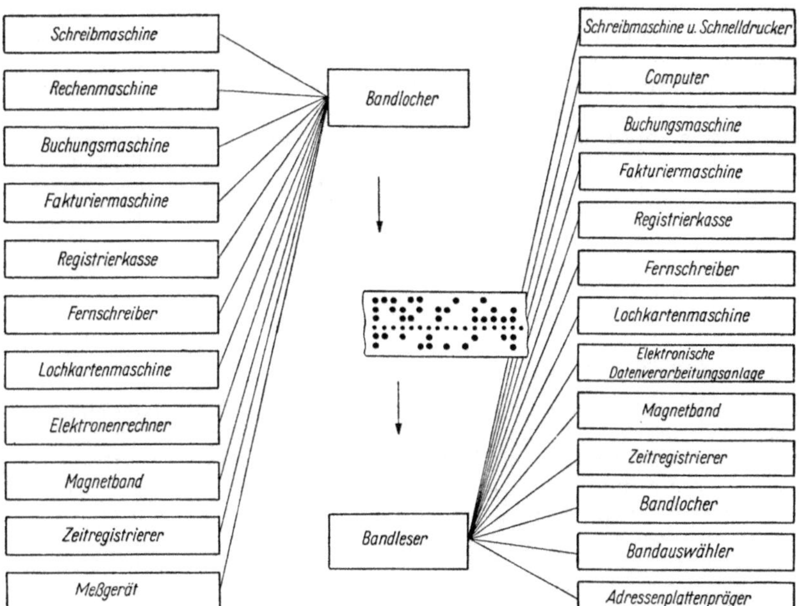

Bild 30. Übersicht über Maschinen mit anschließbaren Bandlochern und Bandlesern

Schreibmaschinen, Saldiermaschinen, Buchungs- und Fakturiermaschinen mit Lochbandlochern zur Lochbandausgabe gekoppelt. Grundsätzlich läßt sich jedoch jede Büromaschine zur Datenerfassung mit einem Locher verbinden. Bild 30 zeigt im linken Teil die Maschinen, die für eine Kopplung mit Bandlochern in Frage kommen. Das so entstandene Lochband kann zur Steuerung von Maschinen verwendet werden, um Datenverarbeitungsprobleme zu lösen. Rechts im Bild sind eine Reihe von

Maschinen aufgeführt, die in Verbindung mit Bandlesern automatisch gesteuert werden können.
Durch die räumliche Trennung von Datenerfassung und Datenverarbeitung gewinnen die Verfahren zur Datensicherung immer mehr an Bedeutung. Dabei wird vorausgesetzt, daß die maschinenbedingten Fehler in den erforderlichen Grenzen liegen (ein nichterkannter Fehler bei 10^6 Eintastungen). Die vorwiegend angewendeten *Verfahren zur Datensicherung* sind:

1. Kontrollsummenbildung
2. Nummernprüfung

Für variable Größen, wie Stückzahlen und Beträge, kann die Kontrollsummenbildung angewendet werden. Die Anwendung dieses Verfahrens setzt voraus, daß die Maschine mindestens ein Zählwerk zur Bildung der Kontrollsumme besitzt. Vor der Eingabe der Größen erfolgt ihre Addition, so daß nach der Eingabe aller Größen die nun gebildete Summe mit der vorher ermittelten verglichen werden kann. Diese Prüfung erfolgt entweder visuell oder maschinell auf Null, wenn ein Saldierwerk vorhanden ist. Sind die Ergebnisse $\neq 0$, so erfolgt eine Fehlerkennzeichnung im Lochband, und eine erneute Lochung ist vorzunehmen.
Die Nummernprüfung wird für fixe Daten verwendet (Artikelnummern, Kontonummern, Arbeiterstammnummern usw.). In dem Fall ist der Anschluß einer speziellen Nummernprüfeinrichtung erforderlich. Jede zu prüfende Größe erhält eine Kontrollziffer, die nach einem mathematischen Verfahren ermittelt wurde. Bei der Eingabe wird im Nummernprüfgerät die Kontrollzahl nachgebildet und mit der eingegebenen Größe verglichen. Stimmen die zwei Zahlen nicht überein, so wird entweder die Ausgabe verhindert oder im Lochband wird ein Fehlerzeichen eingelocht.

3.1.1. Betriebliche Verwaltung

In den Verwaltungsabteilungen der Betriebe sind sehr umfangreiche und teilweise auch komplizierte Büroarbeiten zu erledigen. So ist beispielsweise in den Einkaufsabteilungen der Betriebe ein großer Arbeitsaufwand für die termin- und sortimentsgerechte Bestellung des Materials erforderlich. Diese Arbeiten nehmen viel Zeit in Anspruch, da sie oft noch manuell ausgeführt werden. In den folgenden Ausführungen soll anhand eines Beispiels gezeigt werden, wie durch Anwendung von Lochbändern und Lochbandkarten diese Arbeiten wesentlich effektiver gestaltet werden können.

1. Arbeitsablauf. Wird Material benötigt, so geht eine Materialanforderung an die Einkaufsabteilung. In der Regel werden dort die Materialien wiederholt bestellt. Es wird die Adresse des Lieferanten, Artikelbezeichnung, Versandart, Zahlungsbedingungen, Bestellnummer usw. in das Formular eingetragen. Dabei ändern sich die Arbeitsgänge zur textlichen Abfassung der Bestellung kaum, während die Daten als variable Begriffe stets geändert einzutragen sind (z. B. Datum, Menge). Es sind hier umfangreiche Routinearbeiten erforderlich, um aus Karteien die Adressen und Daten auszuwählen, abzuschreiben und zu prüfen. Bei Nichteinhaltung der Bestelltermine sind Mahnungen erforderlich, wobei ein Teil der Daten des

Bestellformulars zu wiederholen sind. Nach Eingang des Materials wird der Wareneingangsschein ausgeschrieben.
Ist im Betrieb ein Rechenzentrum vorhanden, dann hat auch die Umstellung der Materialrechnung von der manuellen auf die maschinelle Bearbeitung zu erfolgen. Voraussetzung hierfür ist aber die Speicherung der Daten in einem maschinell lesbaren Datenträger zur automatischen Auswertung.

2. Durchführung der Arbeiten mit Hilfe der Lochbandtechnik. Durch die Anwendung der Lochbandtechnik kann der Arbeitsablauf, beginnend beim Einkauf, über den Wareneingang einschließlich der Auswertung, mechanisiert werden, indem beispielsweise Organisationsautomaten eingesetzt werden. Dadurch wird das Ausschreiben der Bestellung, der Liefermahnung und des Wareneingangsscheines mechanisiert und der Informationsträger zur Auswertung im Rechenzentrum automatisch hergestellt.

a) Vorbereitungsarbeiten. Die Anwendung der Organisationsautomaten zum Ausschreiben der Formulare erfordert die Anfertigung von Lochbandkarten als Adreßkarten und Artikelkarten. Die Adreßkarten enthalten die Anschrift des Lieferanten, die Kontonummer und die Zahlungsbedingungen. In den Artikelkarten sind die für die Bestellung erforderlichen Daten enthalten (Materialnummer, Mengeneinheit, Artikelbezeichnung und Preis). In den Lochbandkarten sind die Daten nicht nur verschlüsselt am Rand gelocht, sondern sie sind auch in Klarschrift aufgebracht, so daß sie wie Karteikarten sortiert und abgelegt werden können.

b) Durchführung bei Anwendung von Lochbandkarten. Auf Grund der eingegangenen Materialanforderungen werden die erforderlichen Adreß- und Artikelkarten aus der Lochbandkartei gezogen. Diese Karten werden in den Leser des Organisationsautomaten eingelegt, wobei zunächst die Daten aus der Adreßkarte und dann aus der Artikelkarte automatisch in das Bestellformular geschrieben werden. An vorher bestimmten Stellen hält der Automat an, damit variable Daten eingefügt werden können (z. B. Bestellnummer, Versandart und Abteilung).
Beim Schreiben der Bestellung werden gleichzeitig zwei Lochbänder gelocht. In dem einen Band sind alle Informationen für das Ausschreiben der Liefermahnung enthalten, während das andere zum Schreiben des Wareneingangsscheines erforderlich ist. Beim Ausschreiben des Wareneingangsscheines wird gleichzeitig ein Lochband gelocht, das alle Angaben enthält, die für das automatische Fortschreiben der Bestände, der Dispositionsunterlagen und für die Statistik erforderlich sind. Dieses Band wird täglich zum Rechenzentrum gegeben, wo die weitere Auswertung erfolgt oder zunächst mit dem lochbandgesteuerten Kartenlocher Lochkarten gelocht werden.
Der Ablauf ist insgesamt in einem Ablaufdiagramm dargestellt (Bild 31). Wie aus dem Ablauf zu ersehen ist, werden zunächst mit dem Organisationsautomaten OA die Adreß- und Artikelkarten hergestellt. Beim Eingehen einer Materialanforderung werden die entsprechenden Lochbandkarten gezogen, dem OA zugeführt und die Bestellung ausgeschrieben. Die zwei gelochten Lochbänder werden für die weiteren Arbeitsgänge vorgesehen, die im einzelnen in dem Diagramm zu sehen sind.

Durch die Anwendung des Organisationsautomaten für diesen Fall wird ein beschleunigter Arbeitsablauf erreicht. Es werden Übertragungs- und Schreibfehler vermieden. Insgesamt ergeben sich beträchtliche Einsparungen an Arbeitszeit, Arbeitskräften und Personalkosten.

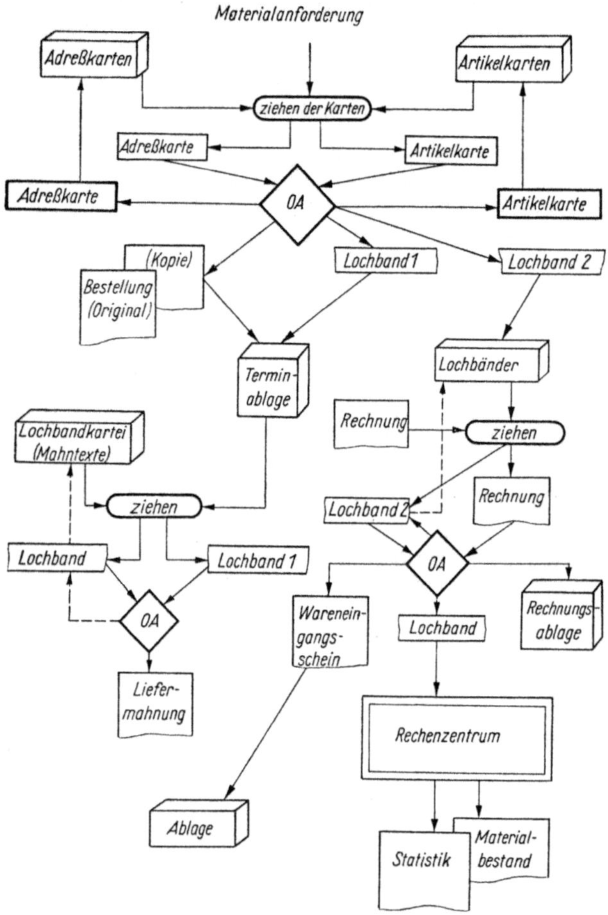

Bild 31. Ablaufdiagramm für die Materialbestellung mit Hilfe von Adreß- und Artikelkarten

3.1.2. Abrechnung im Postdienst

Als Beispiel für die Anwendung der Lochbandtechnik im Postdienst soll die Abrechnung der Gebühren im Fernsprechdienst behandelt werden. Durch den Übergang zum Selbstwählprinzip macht sich die automatische Erfassung der Fernsprechdaten erforderlich, um den Kunden die Gebühren berechnen zu können. Dazu sind folgende Angaben zu registrieren:

Nebenstellennummer, Betrag, Datum, Zeit und evtl. auch die Rufnummer des Gesprächspartners.
Durch die Anwendung von Lochbändern für die Speicherung der Fernsprechdaten ist die Betriebsabrechnung automatisch möglich, wobei diese Daten auf einem 5-Spurband festgehalten werden. Die Lochungen können nach dem Internationalen Telegrafenalphabet Nr. 2 vorgenommen werden

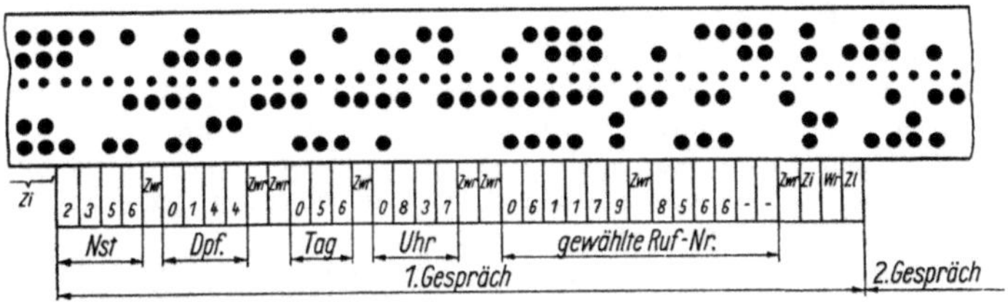

Zwr Zwischenraum; Zi Ziffereinstellung
Wr Wagenrücklauf; Zl Zeilenvorschub

Bild 32. Speicherung von Fernsprechdaten in einem fünfspurigen Lochband

Bild 32 zeigt den Teil eines fünfspurigen Lochbandes, in dem Fernsprechdaten gespeichert sind. Wie auf dem Bild zu sehen ist, wird vor Beginn der Datenspeicherung zunächst das Zeichen Zi (Ziffernwechsel) gelocht. Danach werden die gewünschten Angaben für das Gespräch festgehalten. Im vorliegenden Fall wurden 38 Lochkombinationen für die Gesprächsregistrierung in das Band gelocht. Wird auf die Registrierung der gewählten Rufnummer verzichtet, dann sind nur 23 Lochkombinationen erforderlich, so daß insgesamt bis zu 5000 Gespräche auf eine Lochbandrolle gespeichert werden können.
Die gespeicherten Angaben können auf verschiedene Art ausgewertet werden. Die sofortige Auswertung in Klarschrift ist mit dem Blattschreiber oder dem Schreibautomaten möglich. Mit Hilfe des Lochbandsenders ist die Datenübertragung an ein Rechenzentrum durchführbar. Soll die Auswertung mit Lochkartenmaschinen oder lochkartenorientierten Datenverarbeitungsanlagen erfolgen, dann macht sich die Übertragung der im Lochband gespeicherten Daten in Lochkarten erforderlich. Dazu wird das Band in den Leser des Lochkartenlochers mit Lochbandsteuerung eingelegt und die Lochkarten automatisch gelocht. Durch diese Form der Auswertung wird ein wirtschaftlicher Einsatz gewährleistet.

3.1.3. Automatische Registrierung von Meßwerten

Im Produktionsprozeß hat die automatische Registrierung von Meßdaten bei der Betriebskontrolle große Bedeutung, um den Prozeß optimal zu gestalten. Dazu ist es erforderlich, eine große Zahl von Meßwerten maschinell auszuwerten. Für solche Zwecke eignet sich das Lochband als Datenzwischenträger recht gut. Zwar ist die Anwendung von schreibenden Meßgeräten ebenfalls möglich, doch ist damit nur die Dokumentation der Meßdaten möglich, nicht aber die Weiterbearbeitung der Daten auf maschinellem Wege, zum Beispiel in einem Datenverarbeitungszentrum.

Die Meßdatenerfassung und -verarbeitung kann mit Hilfe von Lochbändern als Informationsträger folgendermaßen erfolgen: Die in analoger Form (z. B. Zeigerausschlag bei der Temperaturmessung, Druck- oder Geschwindigkeitsmessung) anfallenden Meßdaten werden zunächst durch eine Leseeinrichtung übernommen und durch einen Analog-Digitalumsetzer digital umgesetzt. Diese Umsetzung ist erforderlich, um die Weiterverarbeitung in Datenerfassungsgeräten und Datenverarbeitungsanlagen zu ermöglichen.
Vom Analog-Digitalumsetzer werden die Daten entweder einer Alarmsignaleinrichtung oder einer Korrekturrecheneinrichtung zugeführt. Von hier aus erfolgt die Weiterleitung an einen Umsetzer und daran anschließend erfolgt die Speicherung im Lochband durch einen angeschlossenen Lochbandlocher. Der Informationsträger wird zur weiteren Auswertung dem Rechenzentrum zugeführt.
In ähnlicher Form kann das Lochband zur Speicherung von Daten aus der Qualitätskontrolle oder Fertigungskontrolle eingesetzt werden. Immer wird sich die Anwendung dort lohnen, wo viele Daten anfallen und die weitere Auswertung nach den verschiedenen Gesichtspunkten zu erfolgen hat.

3.1.4. Speicherung von Programmkonstanten

Ein weiteres umfangreiches Anwendungsgebiet der Lochbänder ist der Einsatz als Programm- und Datenbänder zur Eingabe in digitale Kleincomputer. Dadurch werden die Einsatzgebiete dieser elektronischen Rechenmaschinen erweitert, indem mit Hilfe des Lochbandlesers die Daten und Befehle schnell in den Rechner eingegeben werden können. Werden zwei Lochbandleser verwendet, dann kann mit einem Leser das extern gespeicherte Programm und mit dem anderen Leser variable Daten eingegeben werden.

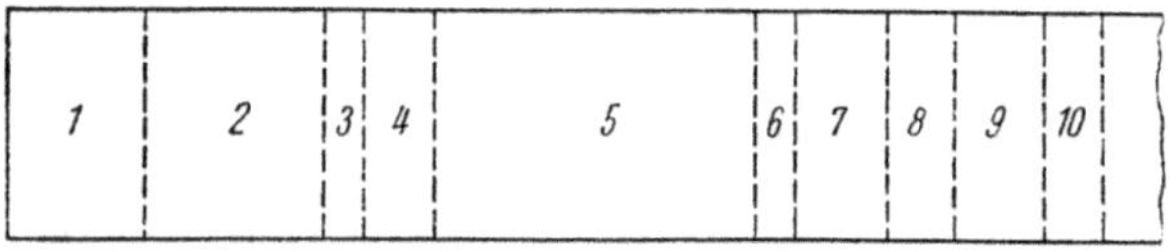

Bild 33. Aufbau eines Programmlochbandes

1 Beschriftung (z. B. Programm-Nr.); *2* Konstanten (für die Eingabe in den Rechner); *3* Fehllochung (zum Stoppen des Lochbandes); *4* Beschriftung; *5* Befehle (zur Eingabe); *6* Fehllochung (zum Stoppen des Lochbandes); *7* Beschriftung; *8* Druck der Konstanten (zur Kontrolle); *9* Anfangsbedingungen für das Programm (z. B. Akkumulator, Druckstellung); *10* Unbedingter Sprung (am Anfang des Programms mit Warteindex)

Das Herstellen von Programm- und Datenlochbändern ist mittels Schreibmaschine mit angeschlossenem Lochbandlocher möglich. Damit eignet sich jeder Schreibautomat für die Herstellung dieser Eingabelochbänder. Es können Informationsträger als externe Befehlsspeicher mit fast unbegrenzter Kapazität geschaffen werden.
Bild 33 zeigt als Beispiel den Aufbau eines Programmbandes. Das Feld *1* dient zur Beschriftung mit der Programmnummer o. ä., daran schließt sich die Lochung der Konstanten für die Eingabe in den Rechner an.

Die Bedeutung der weiteren Felder im Lochband (3 bis 10) ist im Bild angegeben. Auf diese Weise können die verschiedensten mathematischen, technischen und ökonomischen Programme in dem Informationsträger Lochband gespeichert werden.

3.2. Datenverarbeitung

Im Abschnitt 3.1.1. wurde gezeigt, wie mit Hilfe von Organisationsautomaten das betriebliche Bestellwesen rationalisiert werden kann. Dabei handelt es sich um eine Mechanisierung der vielfältigen Schreibarbeiten.

Wesentlich erweitert werden die Einsatzmöglichkeiten der Lochbandtechnik, wenn Lochbandlesegeräte als Eingabeeinheiten an rechnende oder rechnende und textschreibende Maschinen angeschlossen werden. Solche Maschinenkopplungen sind z. B. Buchungsmaschinen oder Fakturiermaschinen. Über die Umwandlung des Lochbandes in Lochkarten mit Hilfe von lochbandgesteuerten Kartenlochern kann eine Verarbeitung der im Lochband enthaltenen Daten in Lochkartenanlagen erfolgen. Die Erhöhung der Arbeitsgeschwindigkeit von Lochbandlesegeräten und -stanzgeräten machte auch eine unmittelbare Ein- und Ausgabe über Lochband in elektronische Rechenmaschinen und Datenverarbeitungsanlagen in immer stärkerem Maße möglich.
Damit wird eine Integration aller notwendigen Arbeitsgänge in der betrieblichen Verwaltung oder in der Rechentechnik von der Datenerfassung und Datenaufbereitung bis zur Datenverarbeitung in ihren verschiedenen Stufen und Komplexitätsgraden erreicht. Das Lochband ist hierbei das Bindeglied, das die notwendigen Informationen zwischen den einzelnen Arbeitsgängen unterschiedlich geordnet und aufbereitet weiterträgt und die durchgängige Datenverarbeitung ermöglicht.

3.2.1. Auftragsbearbeitung und Rechnungsschreibung

1. Auftragsbestätigung

Geht eine Bestellung im Betrieb ein, so wird diese in die bearbeitende Abteilung weitergeleitet. Dort befinden sich eine Lochbandkartei mit den Adressen der Kunden und eine Lochbandkartei, die die notwendigen Angaben der Artikel beinhaltet. Zunächst wird der Auftrag auf Vollständigkeit der Angaben überprüft. Darauf werden die entsprechenden Lochbandkarten aus den beiden Karteien gezogen und zum Schreiben der Auftragsbestätigung nacheinander in das Lesegerät des Organisationsautomaten eingeführt. Aus den Angaben der Kundenkarte werden automatisch die genaue Anschrift des Kunden, Versandvorschrift, Versandart und Versandstation geschrieben. Die Schreibmaschine hält automatisch an den Stellen des Formulars, an denen Ergänzungen manuell über die Tastatur eingefügt werden sollen, wie z. B. Nr. der Bestellung, Bestelldatum und Nr. der Auftragsbestätigung. Aus den Artikelkarten werden die Artikelbezeichnung, Mengeneinheit, Verpackungsart, Einzelbruttogewicht sowie Einzelpreis je Artikel wiederum automatisch niedergeschrieben. Die Schreibmaschine hält in jeder Zeile zum manuellen Einfügen der Mengenangabe an.

Durch zwei mit der Schreibmaschine verbundene Locher werden gleichzeitig mit dem Schreiben der Auftragsbestätigung die Angaben in Lochbänder übertragen, die für die weitere Verarbeitung notwendig sind. Im Bild 34 ist der Arbeitsablauf schematisch dargestellt. Das durch den Locher *1* gewonnene Lochband enthält die Angaben, die für das spätere automatische Ausschreiben der Rechnungen erforderlich sind. Mit dem Locher *2* wird ein Band gewonnen, das die Angaben enthält, die für eine rechnerische und statistische Auswertung erforderlich sind. Dieses Band wird täglich an die Lochkartenabteilung oder die Rechenstation des

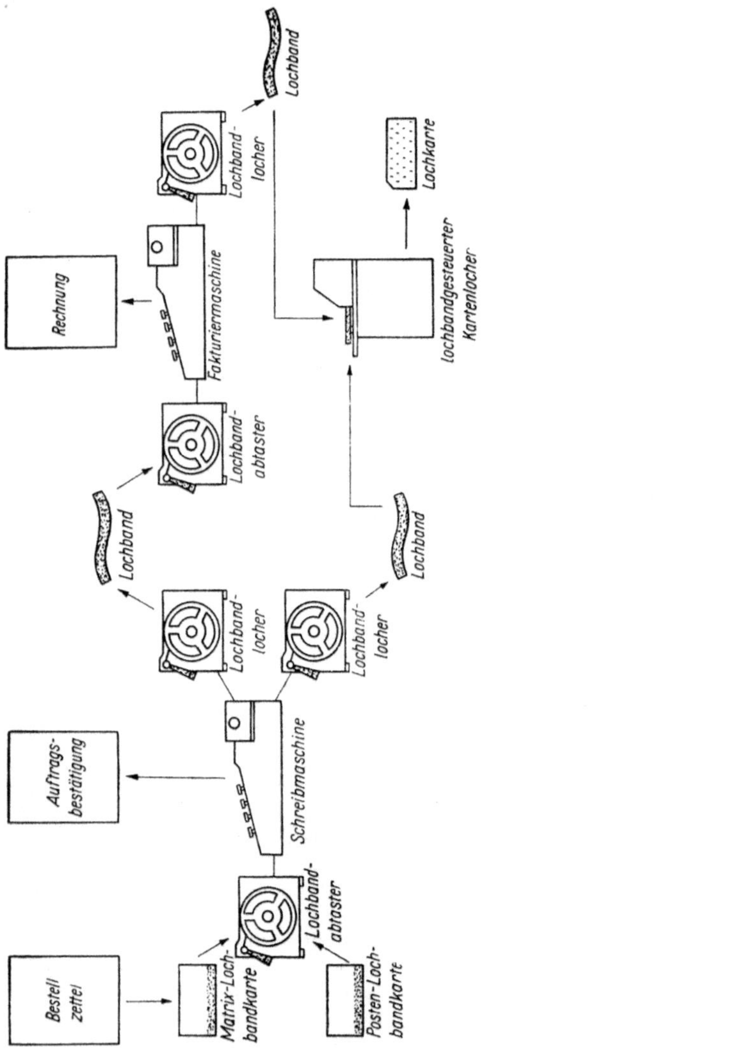

Bild 34. Arbeitsablauf bei Verwendung von Lochbandkarten für die Ausschreibung von Auftragsbestätigungen und Rechnungen

Betriebes gegeben, während das mit dem Locher *1* gewonnene Band zusammen mit einem Durchschlag der Auftragsbestätigung in der Abteilung aufbewahrt wird.

An das Schreiben der Auftragsbestätigung schließt sich eine Kontrolle auf Vollständigkeit und Richtigkeit der Angaben an. Die Auftragsbestätigung wird an den Kunden verschickt, während die Lochbandkarten wieder in die Kunden- und Artikelkartei und der verbleibende Durchschlag der Auftragsbestätigung zusammen mit dem Lochband *1* in die Auftragskartei einsortiert wird.

2. Rechnung

Die Rechnung wird ausgestellt, wenn aus der Versandabteilung der innerbetriebliche Lieferschein eingeht. Dazu wird der Durchschlag der Auftragsbestätigung mit dem zugehörigen Lochband aus der Auftragskartei gezogen und einer Fakturiermaschine mit angeschlossenem Lochbandlesegerät und -stanzgerät zugeführt. Nach dem Einsetzen des Lochbandes und dem Einschalten der Maschine wird fast vollkommen automatisch die Rechnung geschrieben. An den Stellen, wo manuelle Einfügungen notwendig sind, wie z. B. Rechnungsnummer, hält die Maschine an. Die im Lochband enthaltenen Angaben über Stückzahl und Einzelpreis je Artikel werden gleichzeitig in das Rechenwerk der Fakturiermaschine eingegeben, und der Gesamtpreis wird während des Schreibvorganges errechnet und selbsttätig in der dafür vorgesehenen Spalte niedergeschrieben. Ebenso selbsttätig erfolgt die Errechnung und Niederschrift von Zwischensummen, Rabattbeträgen und der Endsumme. Gleichzeitig mit dem Rechnungsschreiben entsteht automatisch ein drittes Lochband, das wiederum ausgewählte Daten für die weitere rechnerische und statistische Auswertung und das automatische Schreiben des Rechnungsausgangsbuches enthält. Nach einer Kontrolle der Rechnung auf Vollständigkeit wird diese dem Kunden zugesandt.

3. Auswertung

Die bei dem Schreiben der Auftragsbestätigung und der Rechnung gewonnenen Lochbänder *2* und *3* werden in der Rechenstation weiterverarbeitet. Sie werden entweder in einem lochbandgesteuerten Kartenlocher in Lochkarten umgewandelt oder direkt in eine elektronische Rechenmaschine eingegeben. Das Lochband *2* dient zur Aufstellung der Auftragsstatistik und das Lochband *3* der Umsatzstatistik.

Als Beispiel einer Anlage für die Durchführung solcher und ähnlicher Aufgaben sei hier die elektronische Fakturiermaschine Soemtron 385 genannt (Bild 35). Diese Anlage besteht aus einer elektrischen Schreibmaschine, einem volltransistorisierten elektronischen Rechenwerk für die Addition, Subtraktion und Multiplikation, einem Eingabegerät mit Zehnertastatur für die Eingabe der zu verrechnenden Werte und mit weiteren Funktionstasten sowie aus einem oder zwei angeschlossenen Lochbandlesegeräten und Lochbandstanzgeräten. Die Anlage kann mit 4, 8 oder 12 Ferritkernspeichern ausgerüstet werden, die eine maximale Kapazität von 11 Stellen plus Vorzeichen haben. Weiterhin kann zusätzlich eine Divisionseinrichtung vorgesehen werden. Die Lochbandeingabe und -ausgabe ist alphanumerisch. Die Verschlüsselung kann in verschiedenen achtspurigen Kodes vorgesehen werden. Die Anlage kann sowohl als Datenerfassungsmaschine für elektronische Datenverarbeitungsanlagen als auch zur selbständigen Datenverarbeitung auf der Grundlage der Lochbandtechnik verwendet werden. Eine Zusammenarbeit mit Organisationsautomaten, wie dies im Bild 34 schematisch dargestellt ist, wird gewährleistet. Schließlich seien noch der Buchungsautomat Ascota Klasse 071 (Bild 36)

Bild 35. Elektronischer Abrechnungsautomat Soemtron 385 mit Lochbandeingabe und -ausgabe

Bild 36. Buchungsautomat Ascota Klasse 071 mit Lochbandeingabe und -ausgabe

und die elektronische Buchungsanlage Ascota Klasse 700 erwähnt. Beide Maschinen besitzen die Möglichkeit der Ein- und Ausgabe von achtspurigem Lochband und können damit ebenfalls sowohl für die Datenerfassung als auch für die lochbandgesteuerte Datenverarbeitung eingesetzt werden. Die Buchungsanlage Ascota Klasse 700 besitzt ein elektronisches Vierspezies-Rechenwerk und kann durch eine Magnetkontenkarteneinheit ergänzt werden. Sie stellt eine Synthese zwischen Buchungsanlage und Datenverarbeitungsanlage dar.

3.2.2. Wissenschaftliche Berechnungen

Die Durchführung wissenschaftlich-technischer Berechnungen auf einer elektronischen Rechenmaschine mit Lochbandeingabe soll an folgendem einfachem Beispiel erläutert werden.

Für den Rechenautomaten Cellatron SER II ist die Berechnung und Ausschreibung folgender Tabelle zu programmieren:

$$r \qquad 2\pi r \qquad \pi r^2 \qquad 4\pi r^2 \qquad \frac{4}{3}\pi r^3$$

Die Eingabe von r soll mit maximal einer Kommastelle über Lochband erfolgen. Nach dem letzten r im Datenband ist ein Stoppzeichen zu stanzen, zum Zeichen, daß die Berechnung beendet ist. Die Ausgabe soll mit drei Kommastellen erfolgen. Grenzen von r: $0{,}1 \leqq r \leqq 133{,}6$.

Da die Aufgabenstellung mathematisch formuliert vorliegt, beginnt die Lösung mit der Aufstellung des Flußdiagramms. Im vorliegenden Fall handelt es sich um ein Geradeausprogramm, so daß das Flußdiagramm sehr einfach ausfällt:

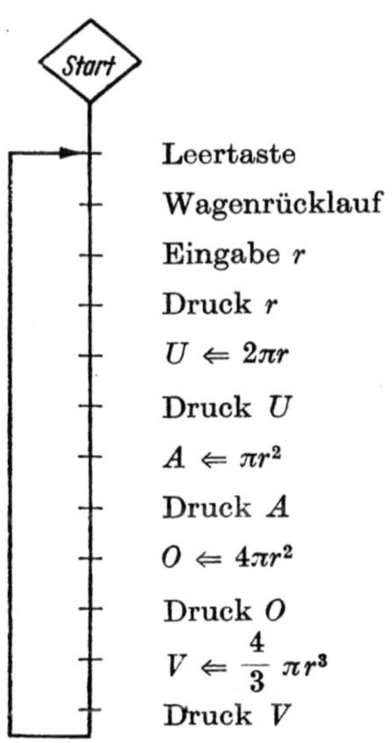

r Radius
U Kreisumfang
A Kreisfläche
O Kugeloberfläche
V Kugelvolumen

Auf der Grundlage des Flußdiagramms werden die Befehlsfolge und der Befehlsablauf erarbeitet. Dabei müssen Fragen der Genauigkeit und der zur Verfügung stehenden Stellenkapazität beachtet werden. Anschließend erfolgt die Verschlüsselung der Befehlsfolge und der notwendigen Programmkonstanten und die Eintragung in die Programmierungsformulare. Die Programmkonstanten sind in diesem Beispiel die unveränderlichen Größen π, 2 und 1/3. Die Locherin locht anhand dieser Formulare auf der elektrischen Schreibmaschine mit angeschlossenem Lochbandlocher SE 5 L zunächst die Befehle und darauf die Programmkonstanten ab. Damit ist das Programmlochband für die Berechnung im Automaten fertiggestellt.

Es ist jetzt noch notwendig, die für die Berechnung vorgesehenen Werte für die variable Größe r in ein zweites Lochband, das Datenband, zu übertragen.

Damit sind die Vorarbeiten abgeschlossen und die eigentliche Berechnung auf dem Automaten kann beginnen. Dazu muß das Programmband über den Leser auf den internen Speicher eingegeben werden. Danach wird das Datenband in den Leser eingelegt. Durch Druck auf die entsprechenden Funktionstasten wird der Rechner veranlaßt, mit der Berechnung zu beginnen. Dazu liest er den ersten Wert von r auf dem Datenband ein, führt mit ihm die Berechnung durch und druckt das Ergebnis aus. So werden schrittweise nacheinander alle im Datenband stehenden Werte verarbeitet. Die Berechnung wird abgebrochen, wenn als letztes vom Datenband ein Stoppzeichen eingelesen wird. Als Ergebnis entsteht folgendes Druckbild:

r	$2\pi r$	πr^2	$4\pi r^2$	$\frac{4}{3}\pi r^3$
0,1	0,628	0,031	0,126	0,004
0,4	2,513	0,503	2,011	0,268
2,0	12,566	12,566	50,266	33,511
11,0	69,115	380,133	1520,531	5575,280
23,3	146,398	1705,539	6822,157	52985,414
133,6	839,434	56074,161	224296,643	9988676,169

Insgesamt ergeben sich für den Rechenautomaten Cellatron SER II folgende Möglichkeiten für die Datenverarbeitung auf der Grundlage der Lochbandtechnik:

a) Eingabe der zur Berechnung notwendigen Befehle und Konstanten (Programmband) in den internen Speicher

b) Eingabe der variablen Größen (Datenband) während des Berechnungsvorganges

c) Eingabe von Befehlen während des Berechnungsvorganges zur Steuerung des Programmablaufes durch das Lochband (externes Befehlsband zur Erweiterung der internen Speicherkapazität)

d) Ausgabe der Rechenergebnisse im Lochband (bei der Ausführung SER II c)

3.3. Datenübertragung

Bei der Datenübertragung werden Informationen geringer Redundanz von einer Datenquelle zu einer Datensenke, wo die weitere Verarbeitung erfolgt, transportiert. Es wird dabei zwischen der Datenübermittlung und Datenfernübertragung zum Zwecke der Datenfernverarbeitung unterschieden.

Unter *Datenfernübertragung* ist ein zeitabhängiger Vorgang zu verstehen, bei dem die nichtredundanten Informationen über einen Datenkanal in einem bestimmten Kodierungszustand übertragen werden. Durch die Einrichtungen für die Datenfernübertragung können verschiedene Datenverarbeitungsanlagen oder Rechenzentren miteinander verbunden werden.

Bei *Datenübermittlung* werden elektrische Signale als Synonyme für Informationen von einer Maschine zur anderen zwecks Speicherung oder Verwertung übermittelt.

Die Realisierung der Datenübertragung erfolgt durch Datenübertragungssysteme. Die Verbindung zwischen diesen Systemen und den Datenverarbeitungsanlagen erfolgt entweder direkt oder über Informationsträger (meist Lochband).

Die Datenübertragung ist erforderlich, wenn beispielsweise Buchführungsunterlagen einer Außenstelle zur Weiterverarbeitung zugeführt werden müssen. Auf diese Weise ist die Lohnabrechnung kurzfristig durchführbar. Durch die Datenübertragung kann auch die Lagerhaltung und der Warenversand in einem Warenversandhaus verbessert werden. Weitere Anwendungsgebiete sind die Flugkartenbestellung, Reservierung von Platzkarten bei der Bahn, Güterwagenumlauf u. a.

Technisch wird die Datenübertragung durch eine Kommunikationskette realisiert, deren allgemeines Blockschaltbild im Bild 37 zu sehen ist. Die

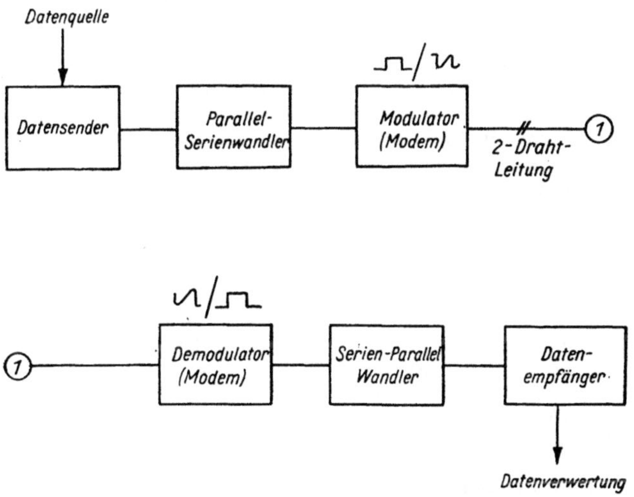

Bild 37. Blockschaltbild zur bitseriellen Datenübertragung über Fernsprechleitungen

Daten gelangen von der Datenquelle (Büromaschine mit Informationsträgerausgabe) zum Datensender (z. B. lochbandgesteuerter Sender), danach werden sie zum Parallel-Serienwandler und Modem weitergeleitet. Von hier aus erfolgt die Übertragung über den Datenkanal in Form der 2-Drahtleitung. Am Empfangsort erfolgt die Demodulation der Signale durch ein Modem. Mit dieser Einrichtung ist der Serien-Parallelwandler und der Datenempfänger verbunden.
Wird das Lochband zur Datenübertragung eingesetzt, so können die bereits erwähnten Maschinen der Lochbandtechnik verwendet werden. In der Regel wird bei Datenerfassungsaufgaben ein Lochband mit ausgegeben, in dem die Vorgänge und Daten für die Datenübertragung erfaßt sind. Dazu kann beispielsweise ein Schreibautomat oder eine Schreibmaschine mit Lochbandausgabe verwendet werden. Auch jede andere Büromaschine mit einem angeschlossenen Lochbandlocher kann dafür eingesetzt werden. Sind bereits Ergebnisse aus Datenverarbeitungsanlagen zu übertragen, dann werden die zu übertragenden Daten ebenfalls in einem mit der Anlage verbundenen Locher gelocht. Dieses Lochband dient dann zur Eingabe für den Datensender, der in diesem Fall zur Erzielung einer maximalen Sendegeschwindigkeit lochbandgesteuert ist.
Als Datenempfänger ist eine Schreibmaschine mit angeschlossenem Lochbandlocher verwendbar, wenn zunächst der Informationsträger gelocht werden soll und die ankommenden Informationen in Klarschrift geschrieben werden müssen. Darüber hinaus lassen sich auch die aus der Fernschreibtechnik bekannten Endgeräte einsetzen. Das auf diesem Weg gelochte Band kann zur Steuerung von Maschinen verwendet werden, die mit Lochbandlesern gekoppelt sind.

4. Verbindung zu den Datenverarbeitungsanlagen

Das Lochband hat als Informationsträger für die Eingabe in elektronische Datenverarbeitungsanlagen durch die Erhöhung der Einlesegeschwindigkeit eine zunehmende Bedeutung erlangt. Während noch vor einigen Jahren Lesegeschwindigkeiten von 50 bis 150 Zeichen je Sekunde als Maximalgeschwindigkeit für Lochbandleser erreicht wurden, erreichen moderne Leser Geschwindigkeiten von 1000 bis 1800 Zeichen je Sekunde. Bei Lesegeschwindigkeiten, die wesentlich über 1000 Zeichen je Sekunde liegen (z. B. 1500 Zeichen je Sekunde), sind Servo-Eingabepuffer-Einrichtungen erforderlich, da das Stoppen nach einem bestimmten Zeichen nicht mehr möglich ist, so daß eine Zwischenspeicherung der überfahrenen Zeichen erforderlich wird. Insgesamt gesehen ergeben sich gegenüber den Lochkartenlesern als Eingabeeinrichtungen erhebliche Vorteile, da diese Geschwindigkeiten bei Lochkarteneingabe nicht erreicht werden können. Wird zum Beispiel die Lesegeschwindigkeit von Lochbandlesern (angenommen 1000 Zeichen/s) auf die von Lochkartenlesern umgerechnet, so ergibt sich eine Einlesegeschwindigkeit von

$$v_{\text{Karten}} = \frac{1000 \text{ Zeichen/s} \times 3600 \text{ s}}{80 \text{ Zeichen/Lochkarte}} = 45\,000 \text{ Karten/h}.$$

Diese Geschwindigkeit von 45 000 Karten je Stunde ist nur durch leistungsfähige und somit aufwendige Lochkartenmaschinen erreichbar. Die übliche Lesegeschwindigkeit von Lochkartenlesern für solche Zwecke beträgt etwa 18 000 Karten je Stunde.
Weitere Vorteile des Lochbandes bei der Anwendung in der Datenverarbeitungstechnik sind:

Günstiges Verhältnis von Volumen zu Informationsgehalt, da ein Lochband von 300 m Länge 100 000 bis 120 000 Zeichen speichern kann

Hohe Zahl von Kombinationsmöglichkeiten beim achtspurigen Lochband ($2^8 = 256$ verschiedene Zeichen)

Flexible Speicherungsmöglichkeit von zusammengehörigen Informationen (Datensätze und -blöcke) gegeben

Das Lochband ist preisgünstig

Die Nebenaufbereitung von Lochbändern ist wirtschaftlicher durchführbar als bei Lochkarten

Natürlich darf man die Nachteile des Lochbandes, die in der mangelnden Sortierfähigkeit und Selektionsmöglichkeit sowie der ungünstigen Änderungsmöglichkeit liegen, nicht außer Betracht lassen, so daß auf manchen Gebieten durch den Datenverarbeitungsfachmann zu entscheiden ist, welcher Informationsträger günstiger anwendbar ist.

4.1. Grundsätzliche Wirkungsweise

Bild 38 zeigt das vereinfachte Blockschaltbild einer elektronischen Datenverarbeitungsanlage. Wie daraus zu ersehen ist, arbeitet die Zentraleinheit mit den Baueinheiten der ersten Peripherie zusammen. Es handelt sich hier um eine Reihe von Ein- und Ausgabeeinheiten sowie Zusatzspeicher.

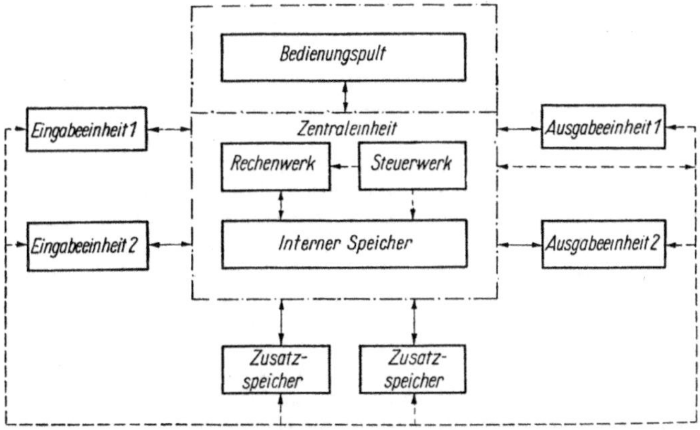

Bild 38. Vereinfachtes Blockschaltbild einer EDVA

Im vorliegenden Fall wurden zwei Eingabeeinheiten gezeichnet, die über Eingabepuffer mit der Zentraleinheit, die aus dem Rechenwerk, dem Steuerwerk und den internen Speichern besteht, zusammenarbeiten.
Bei der Anwendung des Lochbandes für die Ein- und Ausgabe der Daten wird eine Einheit oder auch mehrere Einheiten als Lochbandleser bzw. -locher ausgeführt sein. Wie in dem Fall die verschiedenen Maschinen

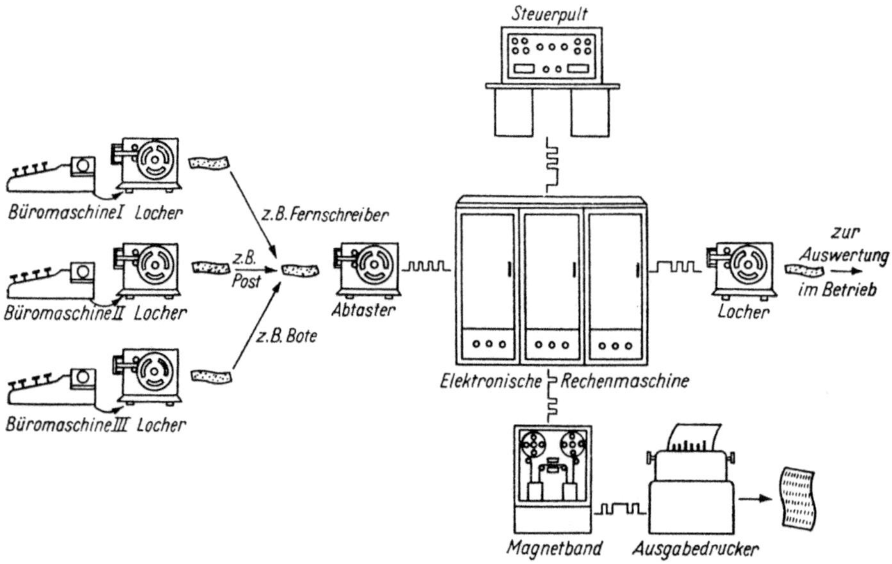

Bild 39. Verbindung von Lochbandgeräten mit einer elektronischen Rechenmaschine

und Baueinheiten zusammenarbeiten, ist im Bild 39 zu sehen. Die Erfassung der Eingabedaten erfolgt durch entsprechende Büromaschinen, die mit Lochbandlochern gekoppelt sind. Das gelochte Band wird der Eingabeeinheit (in diesem Fall als Lochbandleser ausgeführt) zugeleitet und mit hoher Geschwindigkeit in die Datenverarbeitungsanlage oder elektronische Rechenmaschine eingegeben. Sind Ergebnisse im Lochband zu speichern, dann erfolgt die Ausgabe über einen Lochbandlocher. Die Ausgabe mit Hilfe eines Lochbandlochers hat jedoch den Nachteil, daß die Ausgabegeschwindigkeit wesentlich niedriger ist als die Eingabegeschwindigkeit. Im allgemeinen kann man nur mit einer Ausgabegeschwindigkeit von etwa 100 Zeichen je Sekunde rechnen. Es sind zwar auch Lochbandlocher mit einer höheren Ausgabegeschwindigkeit bekannt geworden (z. B. Creed-Schnellocher mit 300 Zeichen/s), doch sind der technische Aufwand und der Verschleiß solcher Locher zu hoch, so daß bei der Anwendung der bekannten Lochprinzipien, die auf dem Durchstoßen des Lochbandes mittels Lochstempel beruhen, die Anwendung solcher Lochbandlocher nicht ökonomisch ist.

4.2. Ausführungsbeispiel in Verbindung mit R 300

In den folgenden Ausführungen soll kurz auf das Zusammenwirken von Lochbandgeräten mit der Zentraleinheit von Datenverarbeitungsanlagen hingewiesen werden. Als Beispiel wurde die elektronische Datenverarbeitungsanlage Robotron 300 gewählt. In dem Band 77 der REIHE AUTOMATISIERUNGSTECHNIK wird das Datenverarbeitungssystem R 300 ausführlich beschrieben, so daß der Aufbau dieser Anlage nicht erläutert wird.

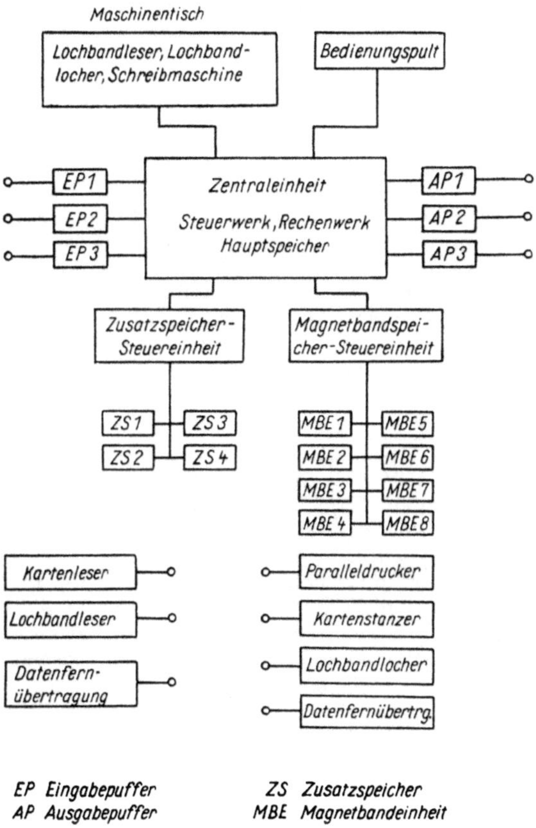

Bild 40. Blockbild der elektronischen Datenverarbeitungsanlage R 300

Bild 40 zeigt als vereinfachtes Blockschaltbild die Verbindung der peripheren Einheiten mit der Zentraleinheit. Wie das Bild zeigt, besitzt diese Anlage drei Ein- und Ausgabekanäle. Die Kanäle sind gepuffert (EP Eingabepuffer, AP Ausgabepuffer). Als Eingabeeinheiten kommen die unten links im Bild angegebenen Geräte, wie Kartenleser, Lochbandleser oder Datenfernübertragungseinrichtung in Frage. Je nach dem Anwendungszweck wird man einem Gerät oder mehreren der genannten Eingabegeräte den Vorzug geben.

Werden vorwiegend Lochkarten verarbeitet, dann können die Eingabekanäle durch Lochkartenleser besetzt werden. Die Ausgabekanäle können mit den unten rechts im Bild angegebenen Ausgabeeinrichtungen belegt werden. Soll die Ausgabe in Klarschrift erfolgen, so wird ein Paralleldrucker angeschlossen. Sind Lochkarten für die Weiterbearbeitung der Daten erforderlich, so wird der Kartenstanzer angeschlossen. Lochbandlocher werden dann an einen der Ausgabekanäle angeschlossen, wenn das Lochband für bestimmte Steuerungsaufgaben weiterverwendet werden soll. Daneben ist auch ein Kanal für die Datenfernübertragung verwendbar.

4.3. Wirtschaftlichkeitsbetrachtungen

So wichtig die Mechanisierung der Verwaltungsarbeit durch die Anwendung der Lochbandtechnik ist, darf sie doch nicht gegen den Grundsatz der Ökonomie verstoßen. Es ist daher in kritischen Fällen notwendig, die Frage der Wirtschaftlichkeit des Einsatzes von Lochbandmaschinen durch eine überschlägliche Berechnung zu überprüfen. Hierbei muß aber berücksichtigt werden, daß sich nicht alle Faktoren, wie beispielsweise Verringerung der Fehlerzahl und physische bzw. psychische Entlastung der Bedienungskräfte, die für den Einsatz aber von besonderer Bedeutung sein können, rechnerisch erfassen lassen.

Durch die Wirtschaftlichkeitsbetrachtungen sollen die wichtigsten Einflußfaktoren von zwei möglichen Verfahren ermittelt und verglichen werden. Dabei kann es sich um den Vergleich von einem maschinellen mit einem manuellen Verfahren, von zwei maschinellen oder von einem maschinellen mit einem automatischen Verfahren handeln. Es ist zu empfehlen, eine Größe bei den zu untersuchenden Verfahren konstant zu halten, um Vergleiche durchführen zu können. Die Wirtschaftlichkeit kann als Quotient oder als die Differenz der Kosten zweier Verfahren ausgedrückt werden. Im einzelnen sind zu berücksichtigen: Personalkosten (Löhne bzw. Gehälter, Sozialbeiträge, Verwaltungskosten usw.), Maschinenkosten (unter Berücksichtigung von Reparaturen, Abschreibungen, Zinsen), Wartungs- und Instandhaltungskosten.

Durch eine Überschlagsrechnung läßt sich der Rationalisierungsgewinn folgendermaßen ermitteln:

1. Ermittlung der Kostendifferenz. Ausgehend von einem bestimmten Zeitabschnitt, in dem der Bearbeiter oder die Maschine zum Einsatz kommen, wird die Differenz der Kosten für die zwei betrachteten Verfahren in Annäherung bestimmt:

Verfahren I (Betrag) — Verfahren II (Betrag) = ± (Betrag der) Rationalisierung

2. Ermittlung der Kostenquotienten. In dem Fall wird von der Ermittlung der Kosten je Tag oder Monat ausgegangen, wobei die ermittelten Größen grafisch aufgetragen werden können. Es ergeben sich Gerade entsprechend den Funktionen

$y_a = k_a x + m_a,$	y_a, y_b	Kosten je Zeiteinheit
$y_b = k_b x + m_b.$	k_a, k_b	Personalkosten
	m_a, m_b	fixe Maschinenkosten ($m = 0$ für manuelles Verfahren)

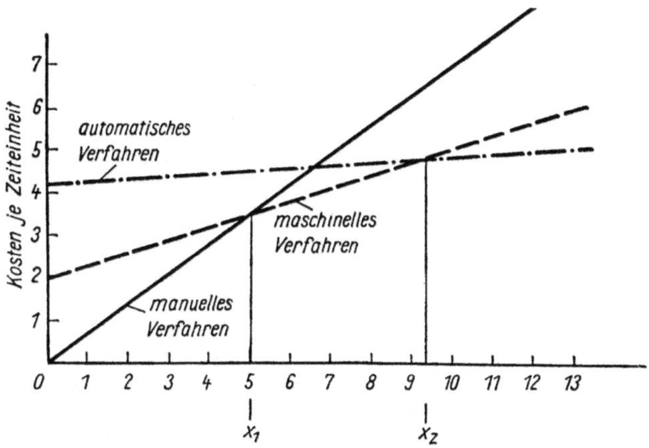

Bild 41. Grafische Methode zur Ermittlung des wirtschaftlichen Verfahrens

Im Bild 41 sind als Beispiel einige Geraden für ein manuelles, maschinelles und automatisches Verfahren aufgetragen. Es ergibt sich ein kritischer Punkt x_1. Von hier ab ist das maschinelle Verfahren günstiger, während das automatische Verfahren ab Punkt x_2 wirtschaftlicher wird.

3. Vergleich der Kosten verschiedener Varianten bei der DE. Da die Kosten für die Datenerfassung (DE) vom gewählten Verfahren abhängen, ist ein Vergleich verschiedener Verfahren aufgrund der z. Z. bekannten Kosten anzustreben.

In letzter Zeit wird die Bedeutung des Magnetbandes als Informationsträger für die Datenerfassung bei Datenverarbeitungsanlagen hervorgehoben. Ohne Zweifel wird es in Zukunft eine Reihe von Datenerfassungsaufgaben geben, wo sich das Magnetband günstiger anwenden läßt als das Lochband. Ein Vergleich zwischen dem Magnetband und dem Lochband für die Datenerfassung ist deshalb zweckmäßig (nicht betrachtet werden hier solche Einsatzgebiete, wo von vornherein das Lochband angewendet wird, wie z. B. numerische Steuerung von Zeichentischen, Werkzeugmaschinen oder Datenfernübertragungsgeräte).

Im Bild 42 ist der Verlauf der Kosten für das Magnetband und Lochband über der Zahl der Datenerfassungsgeräte in einem Gesamtsystem aufgetragen. Wie das Bild zeigt, sind die Kosten des einzelnen Datenerfassungsplatzes von der Zahl der verwendeten Datenerfassungsgeräte im Gesamtsystem und der gewählten DE-Methode abhängig. Im vorliegenden Fall wurde von einem DE-Gerät in der Größenordnung einer Registrierkasse (Preis etwa 4000 Mark) ausgegangen. Dem einzelnen Gerät wurden die

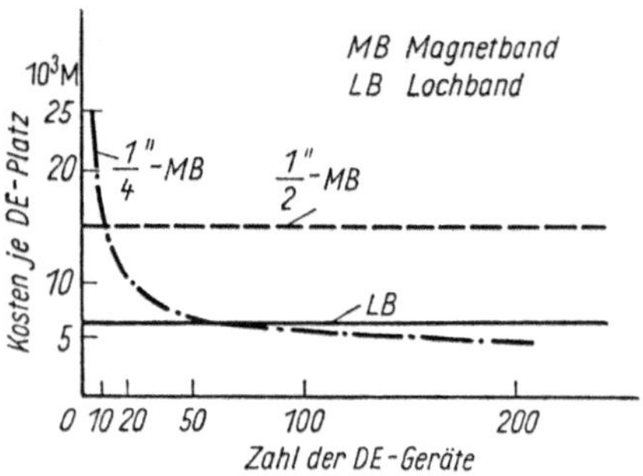

Bild 42. Vergleich der Kosten bei Lochband- und Magnetband-Datenerfassung [9]

Kosten für die Konvertierung des 1/4″-Magnetbandes anteilmäßig zugeschlagen. Die als Basis verwendeten Preise für den Lochbandlocher, die 1/2″-Magnetbandaufzeichnung (inkremental), 1/4″-Magnetbandaufzeichnung und für die 1/4″- zu 1/2″-Magnetbandumsetzer sind Durchschnittswerte internationaler Erzeugnisse. Aus dem Kurvenverlauf ist klar zu erkennen, daß bei einer geringen Zahl von Datenerfassungsplätzen das Lochband die wirtschaftlichste Variante darstellt. Die Datenerfassung auf 1/4″-Magnetband mit Umwandlung auf 1/2″-Magnetband ist bei weniger als 10 Datenerfassungsplätzen im Gesamtsystem aus wirtschaftlichen Gründen nicht zu vertreten. Erst ab 10 Geräten ist die 1/2″-Magnetbandaufzeichnung (inkremental) ungünstiger und die Datenerfassung auf Lochband ab etwa 50 DE-Plätzen. Über 100 Datenerfassungsplätze ist die Nebenaufbereitung mit Hilfe des 1/4″-Magnetbandes eindeutig wirtschaftlicher.

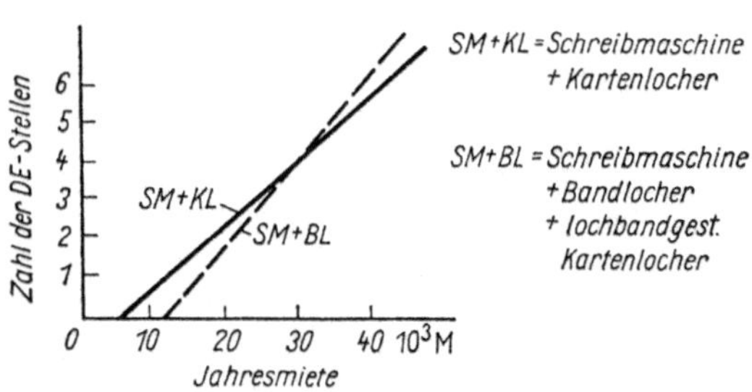

Bild 43. Kostenvergleich bei der Anfertigung von Lochkarten mit Hilfe von Lochbandgeräten

Auch bei der Herstellung von Lochkarten kann sich die Anwendung von Lochbändern als Zwischeninformationsträger als günstig erweisen, wie Bild 43 zeigt. Der Vergleich wurde für die Kosten beim Einsatz von Schreibmaschinen mit angeschlossenem Kartenlocher und Schreibmaschinen mit angeschlossenem Bandlocher und lochbandsteuerbarem Kartenlocher durchgeführt. Im vorliegenden Fall liegt die Rentabilitätsgrenze bei 4 Zweig- oder Belegstellen.

5. Vor- und Nachteile der Lochbandtechnik

Zum Schluß soll eine kurze Gegenüberstellung des Lochbandes zu den maschinell lesbaren Informationsträgern Lochkarte und Magnetband sowie eine Einschätzung der vorhandenen Vor- und Nachteile gegeben werden.

5.1. Vorteile der Lochbandtechnik

Der entscheidende Vorteil der Lochbandtechnik ist, daß der Informationsträger bei der Erstellung des Urbeleges nebenbei und ohne zusätzliche Mehrarbeit mit anfällt. Hierfür gibt es auf dem Weltmarkt ein reichhaltiges Angebot von Maschinenkopplungen, wie Schreib-, Saldier-, Buchungs- und Fakturiermaschinen, mit angeschlossenen Lochbandlochern.

Durch die direkte Kopplung mit intern eingebauter Fehlerkontrolle (Paritätskontrolle, Rückmeldekontrolle) ist eine absolute Übereinstimmung der eingetasteten und der abgelochten Werte gewährleistet. Durch zusätzliche Verfahren der Datensicherung, wie Kontrollsummenbildung oder Nummernprüfung, kann die Fehlersicherheit noch weiter erhöht werden. Eintastfehler können durch Überlochen bei einzelnen falschen Zeichen oder durch eine Irrungskombination bei fehlerhaften Zeilen ungültig gemacht werden, ohne daß der ganze Informationsträger wertlos wird, wie dies bei einer falsch gelochten Lochkarte der Fall ist.

Da das Lochband bei der Arbeit auf üblichen Büromaschinen nebenbei anfällt und ein nachträgliches Prüfen des Informationsträgers nicht notwendig ist, entfallen auch der in der Lochkartentechnik erforderliche Einsatz von speziell ausgebildeten Locherinnen und Prüferinnen und die für diese Arbeitsgänge entstehenden Lohnkosten.

Grundsätzlich ist auch die Kopplung von Büromaschinen mit Lochkartenlochern für die Datenerfassung möglich, jedoch sind diese teurer und erfordern mehr Platzbedarf als diejenigen mit Lochbandgeräten.

Betrachtet man den Informationsträger selbst, so sind auch hier der Raumbedarf und der Preis beim Lochband niedriger als bei der Lochkarte. Der Informationsinhalt einer Rolle Lochband entspricht dem von 1500 voll ausgelochten 80spaltigen Lochkarten. Dazu kommt, daß die Speicherkapazität des Lochbandes maximal ausgenutzt wird, da eine fortlaufende Ablochung der effektiv auftretenden Angaben möglich ist, während auf der Lochkarte nur die für die Bearbeitung eines Vorganges benötigten Daten aufgebracht werden und bei der Datenerfassung im allgemeinen nur mit einer Ausnutzung von 60% der Kapazität der Karte gerechnet werden kann.

Die Maximalwerte der Lese- und Lochgeschwindigkeiten sind bei den Lochbandgeräten höher als bei den Lochkartenmaschinen.

Die Möglichkeit der Aufnahme beliebig langer Nachrichten macht das Lochband gegenüber der Lochkarte auch als Informationsträger für die Datenfernübertragung über Fernschreib- oder Fernsprechleitungen besser geeignet.

Bei einer Gegenüberstellung der Lochbandtechnik zur Magnetbandtechnik gelten ähnliche Erwägungen, wobei im Vordergrund steht, daß Kopplungen von Büromaschinen mit Magnetbandgeräten für die Datenerfassung und -verarbeitung wenig verbreitet und teurer als die gleichen Kopplungen mit Lochbandgeräten und die Materialkosten des Magnetbandes höher als die des Lochbandes sind.

Nachfolgend sind einige Daten der Informationsträger einander gegenübergestellt:

	Lochband	Lochkarte	Magnetband
Zeichen je Einheit	10^5	80 oder 90	5 10^6
Zeichen je cm^3 des Informationsträgers	200	30	5000
Relativer Preis	1	10	10

5.2. Nachteile der Lochbandtechnik

Als entscheidender Nachteil gegenüber der Lochkarte als Einzeldatenträger ist zu nennen, daß die Informationen sowohl des Lochbandes als auch des Magnetbandes nicht bzw. nur über Umwege sortiert werden können. Ferner ist die visuelle Erkennbarkeit bei Lochkarten weit besser gegeben als beim Lochband. Ohne Kenntnis der Lochbandschlüssel ist ein Lesen der Informationen im Lochband nicht möglich, während vor allem bei Zahlenlochungen auf der Lochkarte die Angaben ohne weiteres lesbar sind.

Gegenüber dem Magnetband sind die wesentlich niedrigeren Verarbeitungsgeschwindigkeiten zu nennen. Dazu kommt, daß die Speicherdichte niedriger ist und das Lochband nicht gelöscht und wiederverwendet werden kann, wie das beim Magnetband der Fall ist.

5.3. Entwicklungstendenzen

Ausgehend von der klassischen Fernschreibtechnik hat sich die Lochbandtechnik in den letzten zwanzig Jahren sowohl auf der gerätetechnischen Seite als auch auf der Seite der Anwendungstechnik stürmisch weiterentwickelt.

Gerätetechnisch scheint mit den derzeitig bekannten Verfahren ein verhältnismäßig ausgereifter Stand erreicht zu sein.

Die Arbeitsgeschwindigkeit der Lochbandlesegeräte, die bis zu 2000 Zeichen je Sekunde reicht, ist in vielen Fällen selbst für eine unmittelbare Kopplung mit elektronischen Datenverarbeitungsanlagen befriedigend, wobei noch zusätzlich durch Eingabepufferspeicher die zeitliche Blockierung der Anlage für das Einlesen der Daten reduziert werden kann. Eine wesentliche Steigerung der Lesegeschwindigkeiten dürfte kaum zu erwarten sein. Die Geräte werden dafür wahrscheinlich so aufwendig, daß dem Magnetband mit seinen bereits jetzt erreichten höheren Geschwindigkeiten der Vorzug zu geben ist, zumal die Speicherdichte des Magnetbandes weit über der des Lochbandes liegt.

Kritisch ist die verhältnismäßig geringe Geschwindigkeit der Lochbandstanzgeräte, die, von einigen Einzelfällen abgesehen, im allgemeinen nicht über 150 Zeichen je Sekunde hinausgeht. Der Schwerpunkt der Forschungsarbeiten wird hier auf eine Ablösung des mechanischen Stanzprinzips mit Stanzstempel und Matrize durch andere Verfahren zu richten sein. Nach Angaben in der Fachliteratur wurden z. B. bereits mit Erfolg Versuche durchgeführt, die Lochungen durch Druckwellen hoher Energie in das Lochband hineinzubringen. Es ist zu erwarten, daß durch solche oder ähnliche Verfahren in den nächsten Jahren eine an und für sich notwendige, erhebliche Steigerung der Stanzgeschwindigkeit erreicht werden kann.

Anwendungstechnisch hat sich das Lochband, besonders durch technisch günstige Gerätekopplungen mit konventionellen Maschinen, neben den anderen Informationsträgern einen guten Platz erobert. Die Einsatzgebiete reichen von der Rationalisierung der Verwaltungsarbeit über die elektronische Datenverarbeitung bis zur Überwachung und Steuerung technischer Prozesse. Lochbänder speichern Nachrichten, Rechenergebnisse oder Meßwerte. Sie steuern Schreibmaschinen, Werkzeugmaschinen bzw. ganze Fertigungsstraßen oder Setz- und Gießmaschinen in Drukkereien.

Ob Lochband oder Magnetband, Lochkarte oder maschinell und visuell lesbare Schriftträger — jede Technik hat ihre Vor- und Nachteile und ihre Grenzen. Die Wahl des einen oder des anderen Verfahrens wird vor jeder neuen Aufgabe sorgfältig überprüft werden müssen. Aber neben den anderen Informationsträgern wird sich auch das Lochband weitere Einsatzgebiete erschließen, geräte- und anwendungstechnisch weiter vervollkommnet werden und in der Rationalisierung und Mechanisierung gesellschaftlich wichtiger Prozesse einen beachtlichen Beitrag leisten.

Literaturverzeichnis

[1] *Bürger, E.; Leonhardt, W.:* Die Lochbandtechnik. Berlin: Verlag Technik 1960.

[2] *Schubert, G.:* Digitale Kleinrechner. REIHE AUTOMATISIERUNGS-TECHNIK, Bd. 5.

[3] *Stuchlik, F.:* Programmgesteuerte Universalrechner. REIHE AUTOMATISIERUNGSTECHNIK, Bd. 12.

[4] *Paulin, G.:* Kleines Lexikon der Rechentechnik und Datenverarbeitung. REIHE AUTOMATISIERUNGSTECHNIK, Bd. 52.

[5] *Steinbuch, K.:* Taschenbuch der Nachrichtenverarbeitung. Berlin: Springer-Verlag 1962.

[6] OPTIMA-Schreibautomaten 527 und -Organisationsautomaten 528, Bedienungsanleitungen des VEB Optima Büromaschinenwerk. Erfurt 1967.

[7] *Seraphin, U. P.:* tronictyper programmat. Eichner Organisation, Frankfurt (Main) 1964.

[8] Daten erfassen mit EICHNER-typer, Kundendienstschriften der Firma Eichner Organisation GmbH, Neuenhain/Ts 1968.

[9] *Köhler, M.; Seifert, P.:* Nebenaufbereitung von Informationsträgern für EDV-Systeme — ein aktuelles Datenerfassungsproblem. Zeitschrift Rechentechnik und Datenverarbeitung, 4 (1967) 5.

[10] *Dersin, R.:* Digitale Rechenautomaten. Teil 1, Fachkunde für Datenverarbeiter. Berlin: Verlag Die Wirtschaft 1967.

[11] *Semrad, H.:* Numerisch gesteuerte Maschinen. Berlin: Verlag Technik 1968.

[12] *Baerfacker, H.; Geilert, W.:* Zeichnung, Datenverarbeitung, Automatisierung. Berlin: Verlag Technik 1967.

Sachwörterverzeichnis

REIHE AUTOMATISIERUNGSTECHNIK

RA 51 *Bode:* Lochkartentechnik
RA 52 *Paulin:* Kleines Lexikon der Rechentechnik und Datenverarbeitung
RA 53 *Greif:* Meßwert-Registriertechnik
RA 54 *Jeschke:* Kleines Lexikon der Betriebsmeßtechnik
RA 55 *Töpfer* u. a.: Pneumatische Bausteinsysteme der Digitaltechnik
RA 56 *Weller:* Regelung von Dampferzeugern
RA 57 *Mütze:* Numerisch gesteuerte Werkzeugmaschinen
RA 58 *Heimann:* Radionuklide in der Automatisierungstechnik
RA 59 *Fuchs/Weller:* Mehrfachregelungen
RA 60 *Queisser:* Instandhaltung von Automatisierungsanlagen
RA 61 *Peschel:* Einführung in die statistischen Methoden
RA 62 *Töpfer* u. a.: Pneumatische Steuerungen
RA 63 *Kochan/Strempel:* Programmgesteuerte Werkzeugmaschinen und ihr Einsatz
RA 64 *Brenk/Eichner:* Integrierte Datenverarbeitung
RA 65 *Gensel:* Zerstörungsfreie Prüfverfahren
RA 66 *Worgitzki:* Elektrisch-analoge Bausteine der Antriebstechnik
RA 67 *Kerner:* Praxis der ALGOL-Programmierung
RA 68 *Pankalla:* Aufbau und Einsatz von Prozeßrechenanlagen
RA 69 *Timpe:* Ingenieurpsychologie und Automatisierung
RA 70 *Böhme:* Periphere Geräte der digitalen Datenverarbeitung
RA 71 *Dutschke/Grebenstein:* BMSR-Einrichtungen in explosionsgefährdeten Betriebsstätten
RA 72 *Müller:* Automatisierungsanlagen
RA 73 *Paulin:* FORTRAN — Kodierung von Formeln
RA 74 *Paulin:* FORTRAN — Datenbeschreibung und Unterprogrammtechnik
RA 75 *Gottschalk:* Darstellungen und Symbole der Automatisierungstechnik
RA 76 *Hart:* Kontinuierliche Flüssigkeitsdichtemessung
RA 77 *Börnigen:* Elektronische Datenverarbeitungsanlage Robotron 300
RA 78 *Krebs:* Rechner in industriellen Prozessen
RA 79 *Böhme/Born:* Programmierung von Prozeßrechnern
RA 80 *Lemgo/Tschirschwitz:* Programmierung des Robotron 300 — Zentraleinheit
RA 81 *Lemgo/Tschirschwitz:* Programmierung des Robotron 300 — Peripherie
RA 82 *Mikutta:* Bauelemente der Industriepneumatik
RA 83 *Dörband* u. a.: Praxis der FORTRAN-Programmierung — Grundstufe
RA 84 *Dörband* u. a.: Praxis der FORTRAN-Programmierung — Oberstufe
RA 85 *Kautsch:* Elektronenstrahl-Oszillografie
RA 86 *Bürger/Leonhardt:* Lochbandtechnik
RA 87 *Trognitz/Wegner:* Arbeitsgestaltung
RA 88 *Kadow/Kerner:* Programmieranweisung ZRA 1
RA 89 *Eube/Illge:* Stellventile
RA 90 *Woschni:* Meßfehler bei dynamischen Messungen und Auswertung von Meßergebnissen
RA 91 *Biener/Suschke:* Praxis des analogen Rechnens
RA 92 *Wahl:* Grundlagen der Elektronik

GPSR Compliance

The European Union's (EU) General Product Safety Regulation (GPSR) is a set of rules that requires consumer products to be safe and our obligations to ensure this.

If you have any concerns about our products, you can contact us on ProductSafety@springernature.com

In case Publisher is established outside the EU, the EU authorized representative is:

Springer Nature Customer Service Center GmbH
Europaplatz 3
69115 Heidelberg, Germany

Batch number: 10577919

Printed by Printforce, the Netherlands